C#, Java ve Python İle

Programlamaya DALIŞ

Uygula-Öğren-Geliştir

İhsan ÖZER

EKİN
Basım Yayın Dağıtım

2021

Sertifika No: 48743

ISBN: 978-625-7565-03-5

Sayfa Düzeni: Aslı AYRANCI

Kapak Tasarımı: Onur ÇAKAN

Baskı ve Cilt:

Sonçağ Yayıncılık

Matbaacılık Reklam

San Tic. Ltd. Şti.

İstanbul Cad. İstanbul Çarşısı

48/48 İskitler - Ankara

Tel.: (0312) 341 36 67

Sertifika No: 47865

Baskı Tarihi: Haziran 2021

EKİN Basım Yayın Dağıtım

Şehreküstü Mah. Cumhuriyet Cad.

Durak Sk. No: 2 Osmangazi / BURSA

Tel .: (0.224) 220 16 72 - 223 04 37

Fax.: (0.224) 223 41 12

e-mail: info@ekinyayinevi.com

www.ekinkitap.com

Dokunduğu sayısız hayata, en değerli sermaye olan sağlığı ve dolayısıyla umudu dağıtmak için ülkenin dört bir yanında hiç durmadan çalışan emekçi ve kahraman ablam,

Çocuk Enfeksiyon Uzmanı Doktor Arife ÖZER'e

en derin sevgilerimi ve şükranlarımı sunuyorum.

Teşekkür

*Zekasını ve yüreğini her daim hayranlıkla izlediğim yegane dostum **Hasan ALTUN**'a katkılarından dolayı teşekkürlerimi bir borç bilirim.*

Önsöz

Merhaba,

Bu kitap; alışılmışın dışında, sayısız teorik bilgiyi uzun uzun anlatmak yerine, bütün teknik kavramları kodun içerisinde anlatmaktadır.

Adından da anlaşılacağı üzere kitap, sizi programlama deryasına balıklama atarak havuzun içerisinde yüzme öğretir gibi kodun içerisinde program yazmayı öğretmektedir.

Programlamanın temellerini oluşturan kavram ve yapılar uygulamanın içerisinde açıklama satırlarıyla anlatılmıştır. Bundan dolayı sizler bu programları uygularken aynı zamanda programlama temellerini oluşturan yapıları ve kavramları da öğrenmiş olacaksınız. Konunun teorik kısmı da bizzat ona uygun özel örneklerde kullanılarak öğretilmektedir. Bu sayede yabancı olduğunuz soyut kavramların havada kalmasının önüne geçilmesi hedeflenmektedir.

Kitaptaki uygulamalar özenle seçilmiş, hepsi çalışan ve hemen hemen bütün programların kullandığı ortak yapıları içeren özel örneklerdir.

Kitap, programlama merakı olanların yanında üniversitelerde veya meslek okullarında anlatılan "programlama temelleri", "algoritma", "programlamaya giriş" gibi temel programlama dersleri için güzel bir yardımcı kaynak niteliğindedir.

Örnek programlar günümüzde en çok kullanılan programlama dilleri olan C#,Java ve Python versiyonları ile ayrı ayrı yazılarak uygulanmıştır. Bu sayede programlama öğrenirken hem farklı programlama dillerini deneyimlemiş olacak hem de aralarındaki fark ve avantajları keşfetme fırsatını bulacaksınız.

Siz değerli programcı adayı veya meraklılarının yapması gereken şey, bu kitaptaki programları uygun bir editörde yazarak çalıştırmak ve olası eksiklerinizi tamamlamaya çalışmaktan başka bir şey değildir.

Bu kaynaktaki örnekleri sabırla uygularsanız, programlama deryasına sağlıklı bir kulaç atmış olacaksınız.

Sözü fazla uzatmadan, hadi hep beraber kodların içerisine dalıp programlamayı hızlıca ve kodun içerisinde öğrenelim ne dersiniz?.....

İçindekiler

Programlamada Bilinmesi Gereken Temel Kavramlar ve Yapılar

Bu kitapta uygulayarak öğretmeyi amaçlıyoruz fakat programlama dünyasındaki bazı temel öğelerin ne olduğu ve nasıl çalıştığı hakkında bir fikir edinmenin uygulamalara başlamadan önce faydalı olacağı kanaatindeyim. Bundan dolayı lütfen teorik gibi görünen ama pratikte de önemli olan bu kavramları dikkatle okuyalım ve mantığını anlamaya çalışalım..

Biran önce uygulamalara geçmek için sabırsızlandığınızı bildiğimden dolayı mümkün olduğunca sade, kısa ve anlaşılır bir biçimde anlatmaya çalışacağım.

Program Nedir?

Program, kısacası problemleri ve çözümlerini bir makineye veya bilgisayara anlatma yoludur. Programcı bunu yaparken mantıksal yapıları ve birazdan bahsedeceğim araçları kullanır. Zira makine ve bilgisayarların dili mantıktan ibarettir. En basit problem dahi mantıksal ifadelerle anlatılmak zorundadır.

Algoritma Nedir?

Kısaca ifade etmek gerekirse algoritma programın mantıksal çözüm yoludur diyebiliriz. İlerde uyguladığımız örneklerdeki akış diyagramlarını incelediğinizde bunu daha iyi anlayacaksınız. Programın mantıksal bir çerçevede tasarlanmış çözüm planı olup bu algoritmik planın yolu takip edilerek program yazılır. Bu kitap zaten daha çok algoritmik düşünceyi geliştirmeye yöneliktir. Zira algoritmik düşünme yeteneği program yazmanın olmazsa olmazıdır. Unutmamalıyız ki bulmacada önemli olan sorular değil o soruları çözerken yapılan beyin egzersizleridir. Bu kitapta da örneklerden çok daha önemli olan algoritma egzersizleridir.

Bir çocuk oyun oynarken aslında hayatı öğrenir. Oyunlar onun düşünce yapısını geliştirir. Program yazarken de programcı algoritmik düşünme yeteneğini geliştirir. Bu sayede problem çözme, bunu bilgisayara anlatma yeteneğini geliştirir ve program yazmayı öğrenir.

Programlama Dilleri Nedir ve Ne İşe Yarar?

Hepimiz biliyoruz ki yeryüzünde insanlar birbiriyle anlaşmak için sayısız konuşma dili kullanır. Kullanılan kelimelerin yazılışı veya telaffuzu farklı dahi olsa hepsi aynı amaca hizmet eder. İnsanların birbirlerini anlaması ve kendilerini ifade etmesi için.

İşte programlama dilleri de bu şekildedir. Her geçen gün yeni bir programlama dili türese dahi hepsinin ortak amacı, makine veya bilgisayarlara anlatılmak istenen problem veya programları ifade etmek ve makine tarafından sorunun anlaşılmasını ve doğru bir şekilde çözümünün sağlanmasıdır.

Her ne kadar programlama dilleri yapısal açıdan bazı kategorilere ayrılsalar da (fonksiyonel programlama dilleri, nesne tabanlı programlama dilleri, script diller, client/server tabanlı diller vs..) bu onların aynı amaca hizmet ettikleri gerçeğini değiştirmez. Hepsi makinelere yapacakları şeyleri anlatmanın farklı yollarıdır.

Günümüzde en çok kullanılan programlama dillerine örnek olarak Java,C#, Python,C++,C,Basic gibi dilleri verebileceğimiz gibi amaca özel olarak kullanılan başta JavaScript olmak üzere bir çok "script " dili de saymamız mümkündür.

Adını saymadığımız sayısız dil de mevcut olup bütün bu dillerin tamamını öğrenmeyi beklemek elbetteki beyhude bir çaba olacaktır. Bundan dolayı asıl önemli olan programlama mantığını iyice kavramaktır. Zira programlamayı ve bilgisayarın nasıl çalıştığını iyi anlayan bir programcı bütün programlama dillerini bilmese dahi ihtiyaç duyması halinde gereken programlama diliyle problemlerini rahatlıkla çözebilecektir. Özellikle günümüz internet çağında nasıl araştırılacağını bilmek o bilgiyi bilmeye neredeyse eşdeğer konuma gelmiştir.

Tabi doğru yerde doğru şeyi aramak ise meşakkatli uzun bir yolculuk, sabır ve zorluklarla karşılaşıldığında bunu öğrenme fırsatı olarak görebilecek bir kararlılık gerektirir. Kısacası tecrübe gerektirir. Tecrübe ise, yapılan sayısız hatadan öğrenilen saf ve doğru bilgi olup programcının doğru yerde doğru şeyi aramasını sağlayacak olan en değerli kavramdır diyebiliriz.

Editör veya IDE(Integrated Development Environment) Nedir ve Ne İşe Yarar?

Editörler programcının bir programlama dili ile bir program yazarken makine ile programcı arasında bir arayüz görevi görür. Yani programcı programlarını o programlama dilinden anlayan, onu yorumlayıp derleyebilen bir platformda yazar. İşte biz bu platforma "editör" deriz.

Kullanılan editör sayesinde yazılan kod yorumlanır olası hatalar konusunda programcı uyarılır, derlenir ve program makinenin anlayacağı hale dönüştürülür.

Günümüzde en çok kullanılan editörlere örnek olarak Visual Studio, Android Studio, Eclipse, InteliJ IDEA, XCode, Sublime, Text Editor Pro vs.. verilebilir.

Bu editörlerin en gelişmiş versiyonlarına IDE (Integrated Development Environment) de denilmektedir. Elbetteki bazıları diğerlerine göre programcıya çok daha fazla kolaylıklar sağlamaktadır fakat amaçları aynıdır. Program, programcı ve makine arasında kod yazmaya yardımcı olan anlaşılır arayüzler (interface) sağlarlar.

Derleyici (Compiler) Nedir?

Derleyiciler IDE (Editör) üzerinde çalışan ve yazılan programın makinenin anlayacağı dile çevrilmesini sağlayan özel yazılımlardır. Programcı ile makine arasında bir aracı gibi işlev görür.

Derlenme işlemi sırasında oluşan hata ve uyarılar programcıya bildirilir ve gerekli düzeltmeler yapılıp program sorunsuz çalışınca da programın çalışan hali (.exe) oluşturulmuş olur.

Yorumlayıcı (interpreter) Nedir?

Yorumlayıcılar ise yine IDE (editör) üzerinde anlık çalışarak programcıyı yanlış yazılan komut ve yapılar konusunda uyarır. Bu sayede programcıya destek ve yardımcı olmuş olur.

Gelişmiş bir editör veya IDE de kodunuzu yazıyorsanız yanlış yazdığınız komut ve işlemlerde ilgili yerlerin altını çizip sizlere yardımcı olmaya çalışan şey yorumlayıcının (interpreter) ta kendisidir.

Program, editör(IDE) ve bilgisayar arasında nasıl bir ilişki vardır?

Programcı yazacağı progrmı tasarladıktan sonra belli bir programlama dilini ona uygun bir editör veya IDE de yazarak çalıştırır. IDE, programcının yazdığı deyimleri makinenin anlayacağı dile çevirir ve makinenin donanımı da gelen o sinyallere uygun bir şekilde komutları yerine getirirerek kullanıcı arayüzünü oluşturur. Yani IDE, programlama dili ile makine arasında bir adaptör veya çevirmen gibi çalışır.

Bu işlemi aşağıdaki görsel ile özetleyebiliriz.

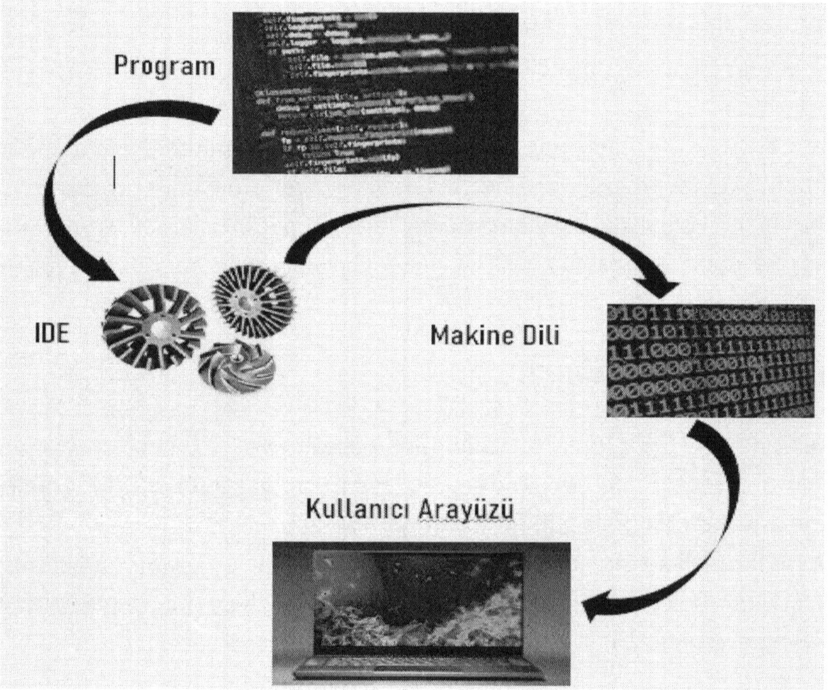

Değişken Nedir?

Değişkenler bütün programlama dillerinde belli tipteki değerleri alarak işlemeyi sağlayan içerisindeki değere göre de (sayı,metin,doğru,yanlış,ondalıklı sayı vs..) tipleri olan bellekte yer ayırıp programın kullanabilmesini sağlayan yapı taşlarıdır.

Tanımlamaları çoğu programlama dillerinde farklı olmasına rağmen bütün programlama dillerinde değişkenler içerisinde tutacakları değerlere göre tanımlanır ve bellekte ilgili değer için yer ayrılmış olur. Adlarından anlaşılacağı üzere içlerine tiplerine uygun olarak sürekli değişen değerler aktarılan kaplar gibidirler.

Değişkenler global olarak programın tamamında kullanılacak şekilde de tanımlanabilir sadece yerel bir kod bloğunda veya bir fonksiyon içerisinde local olarak da tanımlanabilir. İhtiyaca göre programcı tarafından tasarlanarak doğru bloklarda doğru tipte değişken tanımlamaları yapmak gerekir.

Her ne kadar bütün programlama dillerinde benzer şekilde tanımlansalar da mesela C# dilinde en sık kullanılan değişken tipleri şunlardır;

int → Tam sayılar
Float → Ondalıklı sayılar
Char → Karakter
String → Metin
Bool → Doğru/Yanlış

Uygulamalarımızda diğer programlama dillerinde aynı değişkenlerin nasıl tanımlandığını ve ne kadar benzer olduklarını göreceksiniz.

Dizi Nedir?

Aynı tip verilerden oluşan tek veya daha fazla boyutlu olabilen yığınlara verilen addır. Programlamada ve özellikle günümüz veri dünyasında dizilerin ve onları daha efektif kullanmanın önemi her geçen gün artmaktadır. Zira benzer verileri bir arada tutmak ve işlemek bir sanattır.

Diziler sayesinde programlamadaki döngü yapıları kullanılarak birçok veri kısa zaman içerisinde işlenebilir ve kullanıma uygun hale getirilip terbiye edilebilir.

Her programlama dilinde farklı şekilde tanımlansalar dahi kullanım mantıkları aynı olup bütün programlama dillerinin temel yapı taşlarından biridirler.

Mesela C# sintaksında tanımlanmış aşağıdaki örnekte 15 elemanlı bir tam sayı dizisi tanımlanmıştır.

```
int [] dizim = new int[15];
```

Yine aşağıdaki örnekte 10X10 boyutunda iki boyutlu bir dizi tanımlanmıştır.

```
int [,] dizim = new int [10,10];
```

Örnekleri benzer şekilde çoğaltmak mümkündür. Bütün programlama dillerinde benzer şekilde ihtiyacımız doğrultusunda dilediğimiz boyutta diziler tanımlayıp aynı tipteki değerleri dizilerimizin içerisinde depolayıp döngü yapısını kullanarak onları pratik bir şekilde işleyebiliriz.

Döngü Nedir?

Döngüler, bütün programlama dillerinde olan ve benzer işlemlerin belli bir koşul gerçekleşene kadar tekrar edilerek yapılabilmesine olanak sağlayan programlamanın temel ve en önemli yapılarındandır. Döngüler sayesinde benzer işlemler çok daha az satır kod ile ve daha hızlı bir şekilde yapılabilir.

Her ne kadar benzer amaçlar için kullanılsalar da farklı döngü türleri mevcuttur. (for,while, do while vs..) bu döngülerin kullanım sintaksları farklı olsa da bütün programlama dillerinde benzer bir şekilde kullanılırlar. Genelde sayaç vazifesi gören bir değişken ve bir koşul veya sınır değerle beraber kullanılırlar.

Döngü tiplerinden *"for"* döngüsü biraz daha gelişmiş bir yapıya sahip olup içerisinde değişken tanımlama, koşul tanımlama birden fazla durum kontrolü gibi imkanları sağlasa da ihtiyaç dahilinde diğer döngü tipleri de oldukça kullanışlıdır.

Mesela aşağıdaki C# sintaksında yazılan döngü 'i' değişkeni 10 dan küçük olduğu sürece kapsadığı kodun tekrar etmesini sağlar. İlk değeri '0' olan 'i' değişkeni her basamakta değişkeni 1 artmaktadır.

```
For (int i=0; i<10; i++){
  //işlemler
}
```

Tabi döngü içerisindeki değişken artırımı, birden fazla değişken tanımlanması gibi durumlara da olanak sağlar.

Yine aşağıdaki döngü 'i' değişkeni 'j' değişkeninden büyük olduğu sürece kapsadığı kodun yeni değerlerle tekrar çalışmasına olanak sağlar.

```
While (i > j) {
  //işlemler
}
```

Aşağıdaki deyim ise kapsadığı kodun içerisinde döngüden çıkmasını sağlayan bir deyim yazılmadığı sürece sonsuz bir döngü anlamına gelir.

```
While (true) {
  //işlemler
}
```

İlerde uygulayacağımız örneklerde bu döngü tiplerinin farklı kullanım şekillerini bol bol kullanacağız. Programların içerisinde nasıl kullandığımızı ve ne amaçla kullandığımızı açıklama satılarından okuyup uygularsanız bu yapıların mantığını daha iyi anlayacaksınız.

Programlama dillerine göre küçük yazım veya sintaks farklılıkları olsa da kullanım amaçları aynı kullanım şekilleri de çok benzerdir. Bunu örnekleri uyguladığımızda daha iyi anlayacaksınız.

Koşul ve Karar Yapıları Nedir?

Program dediğimiz kodların, mantıksal ifadelerden oluştuğundan bahsetmiştik. Mantıksal ifadelerin de en temel kısmını koşullar ve karar yapıları oluşturur. Zira programın akışına bu koşul yapıları yön vermektedir. Her ne kadar fonksiyonel bazı programlama dillerinde bazı operatörlerle ifade edilseler de (**?**, **:** vs..) hemen hemen bütün programlama dillerinde benzer şekilde **(if - else)** kullanılmaktadırlar.

Programın herhangi bir koşulu sağlaması durumunda yapılması gerekenler *"if"* bloğuna aksi taktirde yapılması gerekenler *"else"* bloğuna yazılarak koda yön verilmiş olunur. Her *"if"* in bir *"else"* i olmak zorunda değildir zira bazen sadece koşula bakılır ama aksi taktirde başka bir şey yapılması istenmez. Zira *"else"* i olan bir *"if"* de kod sadece ikisinden birine girebilir. Bu detayları uygulamalarımız içerisinde daha iyi anlayacağınızdan emin olabilirsiniz.

Mesela C# sintaksına göre yazılmış aşağıdaki ifade iki sayıdan hangisinin büyük olduğunu ekrana basar.

```
if ( a < b)
Console.Write(a.ToString() + " Sayısı Büyüktür.")
        else
Console.Write(b.ToString() + " Sayısı Büyüktür.")
```

Fonksiyon Nedir?

Bir çok alanda olduğu gibi kelimenin terim anlamı aslında onun ne işe yaradığı hakkında bize kayda değer bir bilgi verir. Fonksiyonlar da tıpkı isminden anlaşılacağı üzere belli parametreler alarak onları işleyip karşılığında bizim istediğimiz başka değer veya değerler döndürülürler. Matematikte gördüğünüz fonksiyonlardan farklı değillerdir.

Mesela matematikteki f(x,y) = 2x + y fonksiyonuna 2,3 değerlerini gönderir isek o da bize f(2,3) = 2*2 + 3 = **7** değerini döndürecektir. Programlamada kullanılan fonksiyonlar da aynen bu mantıkla çalışır. Varolan veya yazdığımız fonksiyonlara parametreler gönderir karşılığında işimize yarayacak başka bir değer alırız.

Yine güncel hayattan örnek verecek olursak mutfak robotumuzun sıkma fonksiyonuna portakal gönderir karşılığında ise suyunu alırız. Sizler de uygulamalarımızda göreceksiniz ki programlamadaki fonksiyonlarımız bir mutfak robotundan farklı yapılar değillerdir.

Fonksiyonlar sayesinde benzer kod bloklarını hem defalarca yazmaktan kurtuluruz hem de programımızın kodunun modülerliğini ve anlaşılırlığını arttırırız.

Mesela C# sintaksında yazılmış aşağıdaki fonksiyon bize gönderdiğimiz sayının tek mi çift mi olduğunu döndürür.

```
bool tekmi(int a){
        if (a % 2 == 0)
                return false;
        else
                return true;
}
```

Uygulamalarımızın ilerleyen bölümlerinde fonksiyonları bolca kullanacağız ve programlama da ne kadar önemli yapılar olduğunu hep beraber göreceğiz.

Kütüphane (Library,DLL) Nedir?

Daha önce de bahsettiğim gibi hangi alanda olursa olsun bir yapının ne anlama geldiğinin veya nasıl çalıştığını anlamanın yolu o kelimenin anlamından ve bize çağrıştırdıklarından geçer.

Program içerisinde kullandığımız komut ve nesneleri birer kitaba benzetir isek ilgili kitap hangi kütüphanede ise programa o kütüphaneyi belleğe yüklemesini söyleriz. Aksi halde yazdığımız komutu program algılayamaz ve nasıl kullanacağını bilemez.

Mesela ilerdeki uygulamalarda da göreceğiniz üzere Java programlarındaki aşağıdaki satır ekrandan değerlerin okunması ve ekrana basılması gibi komutların çalışması için programın en üstünde tanımlanır.

import *java.util.Scanner*

Bu sayede "System.out" veya "System.in" gibi komutlar program tarafından anlaşılır ve nasıl kullanacağını ilgili kütüphaneden bakarak uygular.

Diğer programlama dillerinde de durum farklı değildir. Yazılan bir komut veya nesne doğru sintaksta yazmanıza rağmen çalışmıyor ise hangi kütüphaneyi kullandığı bilgisini programınızın üstünde tanımlamamışsınızdır.

Hangi programlama dilini kullanırsanız kullanın yazacağınız programın içeriğine göre kütüphaneleri program tepesinde tanımlamanız gerekir. Mesela grafik işlemleri için farklı kütüphane (örn: Drawing) ve kütüphaneleri aynı şekilde dosya işlemleri için farklı kütüphaneleri (örn: System.IO) tanımlarsınız. Ve program derlenirken ilgili kütüphaneleri belleğe yükleyerek kullanılan komutların çalışmasını sağlar.

Framework Nedir?

Az önce bahsettiğimiz kütüphaneler biraraya gelerek framework leri oluşturur. Frameworkler yazdığınız programların başka platformlarda da çalışması için gerekli adaptör görevi görürler. Yani bir program yazdığınızda o programın .exe yani çalışan ve derlenmiş halini başka bir bilgisayar veya makinede sorunsuz çalıştırabilmeniz için o programı yazdığını dilin framework ü ilgili makinede yüklü olmalıdır. Ya da programın kurulum dosyası hazırlanır, bu ve benzeri gereksinimler yüklendikten sonra program çalışmaya başlar. Aksi taktirde sürücüsü (driver) yüklenmemiş bir donanım parçası gibi bilgisayar tarafından kullanılamaz. Daha doğrusu bilgisayar o yazılımın ne yapmak istediğini anlayamaz.

Bilgisayarlar Nasıl Çalışır?

Bilgisayarlar temel olarak yazılım ve donanım öğelerinden oluşan *aptal* makinelerdir. Yani programda ne yazıyorsa onu yapar. Yazılan programı yorumlama yeteneği yoktur. Bundan dolayı bilgisayarınızda donanımsal bir sorun yoksa ve programınız doğru çalışmıyorsa programınızda bir hata veya gözden kaçırdığınız bir eksiklik olduğundan hiç şüpheniz olmasın.

Yazılım yani bilgisayardaki programlar donanım ile entegre çalışarak çıktıları üretirler. Bilgisayarın temel donanım parçalarından CPU (İşlemci) bütün donanımları yöneten ve içerisinde sayısız devre barındıran beyin işlevi görür. RAM (Bellek) ise o an sistemde çalışması gereken yazılımların ihtiyaç duydukları değişken ve yapıları tutarak programların hızlı çalışmasını sağlar ve diskteki gereksiz yük ve trafikten bizleri kurtarmış olur.

Diğer donanımlar da kendilerine yüklenen özel yazılımlar ve servisler sayesinde görevlerini yerine getirir. Mesela ekran kartı gördüğünüz bütün görsel işlemleri yönetir. Tabi bunu yaparken yine bilgisayarda yüklü olan özel yazılımları kullanır. Mesela ekran kartını bir arabaya benzetir isek o bilgisayarda o arabayı kullanmayı bilen bir şoför (driver) yüklü değil ise doğal olarak çalışmayacaktır ya da tam kullanmayı bilmeyen acemi bir şoför ile eksik veya hatalı çalışacaktır.

İşte bilgisayarlar, üzerlerinde kurulu olan işletim sistemleri ile bu işletim sistemine entegre çalışan sayısız servis ve şoför programlar sayesinde bütün parçalarıyla beraber uyum içinde çalışırlar.

Bizler klavyede bir tuşa bastığımızda veya fareyi her hareket ettirdiğimizde arka planda bunu algılayan özel programlar tarafından bu komutlar donanımlara aktarılarak eylemlerimizin gerçekleştirilmesi sağlanır.

Bilgisayarın elektronik kısmının nasıl çalıştığı bu kitabın konusu değildir. Bundan dolayı donanımların nasıl çalıştıklarının detaylarına girmeyeceğim fakat iyi program yazmak istiyor isek az çok kendimize yetecek derecede donanım bilgisine sahip olmamızda fayda vardır.

Bilgisayar gibi bir deryanın her detayını anlatmamız mümkün olmadığı gibi anlamsızdır da. Zira program yazmayı öğrendikçe bilgisayarı daha iyi anlayacağız onu anladıkça da daha iyi program yazacağız.

Bilgisayar dışında amacına özel programlanmış bütün makineler benzer mantıkta çalışırlar. Üzerlerinde donanımın nasıl çalışacağını anlatan yazılımlar, o yazılımın ne dediğini donanıma anlatan başka yazılımlar ve gönderilen komutu icra eden donanım ve devrelerden oluşurlar.

Bilgisayarı katman katman düşünecek olursak bizim yazdığımız programlar onun en üst katmanında çalışır ve bunun bir alt katmanında da yazılır. Yani bizler program yazarken arka planda bilgisayarın sayısız katmanı aralıksız bir şekilde çalışmaya devam eder.

Bunu daha iyi anlatmak için insan vücudunu örnek verebiliriz. Nasıl ki yaptığımız her eylemde vücudumuzda görmediğimiz sayısız fonksiyon (hormonlar,sinir sistemi, solunum sistemi, enzimler vs...) arka planda çalışıyorsa bilgisayarlar da böyledir. Bir program yazılırken ve çalışırken arka planda sayısız devre ve yazılım çalışır.

Program yazmaya başlamadan önce bilgisayarı biraz da olsa tanımamızda fayda olduğunu düşündüğümden dolayı bu bilgilere değinmek istedim. Çünkü programcı program yazdığı sistemi biraz tanımalıdır. Mesela RAM in ne olduğunu bilmeden kod yazmaya çalışırsak değişken yönetiminin ne kadar önemli olduğunu da bilemeyiz.

Yine aynı şekilde istemci-sunucu (client-server) ilişkisini iyi anlayamazsak bu tarz platformlara etkili kod yazamayız. Client tarafında yapılması gereken işlemleri gereksiz yere server tarafında yapmaya çalışırız ki bu da telafisi mümkün olmayan başarısız uygulamalara sebep olabilir.

Bu noktayı daha fazla uzatmayacağım zira sadece daha iyi ve etkili program yazabilmek için bahsettiğimiz bütün bu yapılar farklı kitapların konusudur.

Bu kitaptaki temel amacımız programcılık deryasına güzel bir kapı aralamak, ortak yapıları öğrenmek ve algoritmik düşünce yeteneğimizi geliştirmektir.

UYGULAMALAR

Hadi kodların içerisine dalalım ve tıpkı suyun içerisinde yüzme öğrenir gibi kodların içinde program yazmayı öğrenelim.

Programların içerisindeki açıklama satırlarına dikkat! Zira konular, kodun içerisindeki bu açıklama satırlarında anlatılmaktadır. Bundan dolayı bir yandan programı uygularken bir yandan da hangi satırda ne yapıldığını ve nasıl yapıldığını dikkatle takip edelim ki amacımıza uygun bir şekilde buradaki programı yazmayı değil program yazmanın mantığını öğrenelim..

Bu bölümdeki uygulamaları ilgili programlama dilini destekleyen bir editör veya IDE de yazarak uygulayınız ve olası hatalarınızı düzelterek derleyip çalıştırınız. (Mesela C# versiyonları için örnek verecek olursak Visual Studio'yu açıp Yeni → Proje → Console Uygulamalarını(Application) seçerek çıkan ekranda uygulayabilirsiniz. Diğer programlama dillerinde de durum farklı değildir. Programınızı derleyebileceğiniz herhangi bir editörde uygulamanızı yazıp geliştirebilirsiniz.)

Bu kitaptaki uygulamaların hepsi yazıp derlenerek çalıştırılmış uygulamalardır. Bundan dolayı sabırla uygulamaktan imtina etmeyiniz. Çünkü sizler de deneyimledikçe internet ortamından kopyalayıp yapıştırarak yazılan uygulamaların öğreticilik boyutunun kendi yazdığınız ve hatalarınızı kendinizin ayıkladığı uygulamalar kadar verimli olmadığını fark edeceksiniz.

Programların "Java" Versiyonlarında Kullanılan ve Ekrandan Okuma / Yazma İşlemlerini Yapan Program Kodu

Programların "Java" Versiyonlarında ekrandan veri okumak ve yazmak için yazılmış olan kodumuz aşağıdaki gibidir.

Bu class dosyasını oluşturup bütün programlarınızda veri okuma ve yazma işlemlerinizi daha pratik bir şekilde yapabilirsiniz. Ayrıca bu sayede Nesne Tabanlı Programlama'ya (Object Oriented Programming) da küçük bir dokunuş yapmış olacaksınız.

Birinci fonksiyon uzun tamsayıları, ikinci fonksiyon tamsayıları, üçüncü fonksiyon metin ifadelerini okumak; dördüncü fonksiyon gönderilen ifadeyi ekrana yazmak; beşinci fonksiyon ise alt satıra geçmek yani yeni bir satır eklemek için kullanılmaktadır.

Örneklerin "Java" versiyonlarında Ekrandan Okuma/Yazma işlemlerinde aşağıdaki program kullanılmıştır. Programlarınızı "Java" versiyonlarını çalıştırmak için bu kodu programlarınızın üst kısmına eklemeyi unutmayınız.

Bu sayede aynı kodları tekrar yazmak yerine birkez yazıp bütün programlarınızda kullanabiliyorsunuz. Bu mantık Nesne Tabanlı bütün dillerde geçerlidir.

```
package programlar;

import java.util.Scanner;

public class Ekran {
    //Ekrandan büyük tamsayilari okumak için kullanilan fonksiyon
    public static Long sayiOkuLong(String text) {
        System.out.print(text);
        return (new Scanner(System.in)).nextLong();
    }
    //Ekrandan tamsayilari okumak için kullanilan fonksiyon
    public static Integer sayiOkuInt(String text) {
        System.out.print(text);
        return (new Scanner(System.in)).nextInt();
    }
    //Ekrandan metinsel ifadeleri okumak için kullanilan fonksiyon
    public static String textOku(String text) {
        System.out.print(text);
        return (new Scanner(System.in)).nextLine();
    }
    //Ekrana yazd?ran fonksiyon
    public static void yaz(Object text) {
        System.out.print(text);
    }
    //Yeni bir satir yazan yani alt satira geçmeyi saglayan fonksiyon
    public static void yeniSatirYaz() {
        System.out.print(System.lineSeparator());
    }
}
```

Faktöriyel Hesaplama Programı

Çoğu programlama kitabı "Hello Wold (Merhaba Dünya)" ile başlar. Biz biraz hızlı başlayacağız. İlk örneğimiz ekrana girilen bir sayının faktöriyelini bulan program.

Programda deneyimlenen yapılar ve kavramlar;

- *Değişken tanımlama ve kullanım*
- *Ekrana yazma ve ekrandan okuma*
- *Döngü kullanımı*

Nasıl Yazarız?

1. Ekrandan faktöriyeli alınacak sayıyı isteriz
2. Birden başlayıp o sayıya kadar bir döngü açar ve döngü bitene kadar sürekli bir önceki sonuçla sıradaki sayıyı çarparız
3. Son bulduğumuz sonucu ekrana basarız.

Akış Şeması

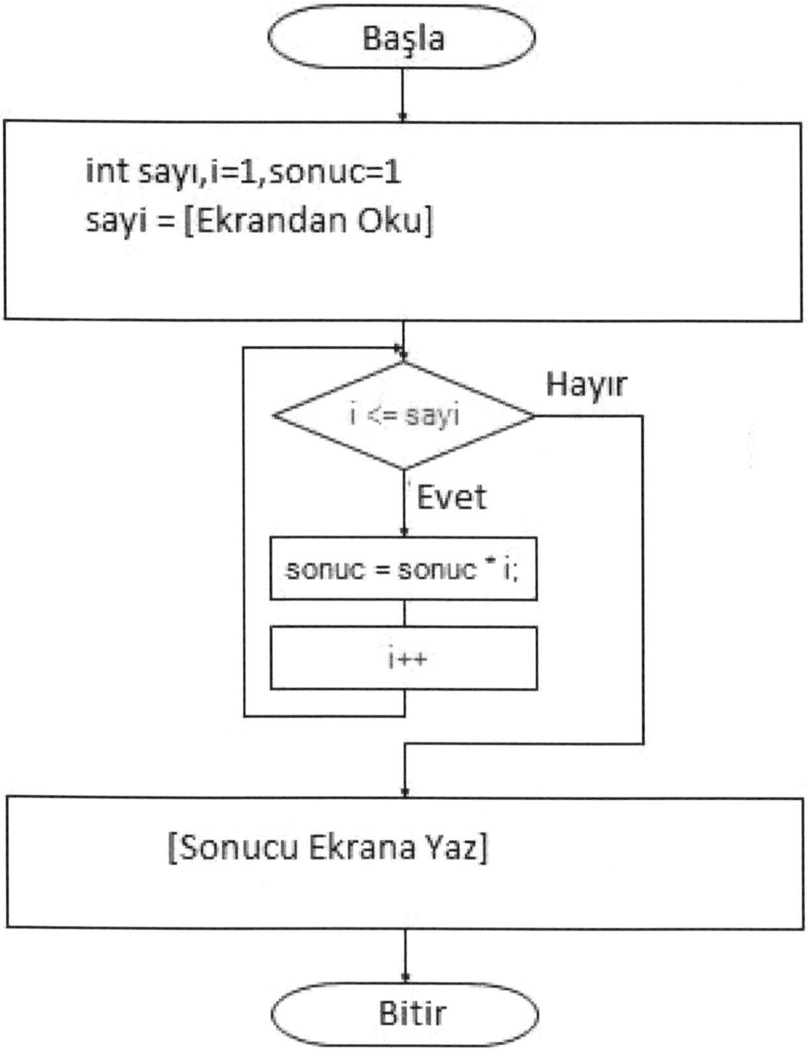
Başla
int sayı,i=1,sonuc=1
sayi = [Ekrandan Oku]
i <= sayi
Hayır
Evet
sonuc = sonuc * i;
i++
[Sonucu Ekrana Yaz]
Bitir

C# Versiyonu

```
using System;
using System.Collections.Generic;
using System.Linq;
using System.Text;
using System.Threading.Tasks;

namespace faktoriyel
{
    class Program
    {
        static void Main(string[] args)
        {
            int sayi,sonuc=1;
            //sayı okunup hafızaya alınıyor
            Console.Write("Hangi Sayının Faktöriyeli Alınacak ? ");
            sayi = Convert.ToInt32(Console.ReadLine());

            // 1 den sayıya kadar ardarda çarpılıp "sonuc"
            //değişkenine atılır.
            for (int i = 1; i <= sayi; i++)
                sonuc = sonuc * i;

            //sonuc ekrana basılır
            Console.Write("Sayının Faktöriyeli = " + sonuc.ToString());

            Console.ReadKey();
        }
    }
}
```

Java Versiyonu

```
package programlar;

public class Faktoriyel {

    public static void main(String[] args) {
        //sayi okunup hafizaya aliniyor
        Long sayi = Ekran.sayiOkuLong("Hangi Sayinin Faktöriyeli Alinacak? ");
        int sonuc = 1;

        // 1 den sayiya kadar ardarda çarpilip "sonuc"
        //degiskenine atilir.

        for (int i = 1; i <= sayi; i++) {
            sonuc = sonuc * i;
        }

        //sonuc ekrana basilir
        Ekran.yaz("Sayinin Faktöriyeli = " + sonuc);
    }
}
```

Python Versiyonu

```
import sys

#sayı okunup hafızaya alınıyor
sayi = int(input("Hangi Sayının Faktöriyeli Alınacak? "))
sonuc = 1

#1 den sayıya kadar ardarda çarpılıp "sonuc"
#değişkenine atılır.

for i in range(1, sayi+1):
    sonuc = sonuc * i

#sonuc ekrana basılır
print("Sayının Faktöriyeli = " + str(sonuc))
```

Programın Ekran Çıktısı

```
D:\dmyo\kitap\pt\faktoriyel\faktoriyel\bin\Debug\faktoriyel.exe
Hangi Sayının Faktöriyeli Alınacak ? 7
Sayının Faktöriyeli = 5040
```

Fibonacci Serisini Bulan Program

Girilen sınır değere kadarki fibonacci serisini yazan program

(Fibonacci sayıları kendisi ile bir önceki sayının toplamına eşittir.)

Programda deneyimlenen yapılar ve kavramlar;

- *Değişken tanımlama ve kullanım*
- *Ekrana yazma ve ekrandan okuma*
- *Farklı döngü yapıları (while)*

Nasıl Yazarız?

1. Sınır değeri ekrandan isteriz
2. İlk değeri 0 olan bir değişken tanımlarız
3. 1 den sınır değere kadar bir döngü açarız
4. İlk fibonacci sayısından yani 1 den başlayıp sınır değere kadar fibonacci sayısı ile bir öncekini toplayıp bulduğumuz sayıları ekrana basarız
5. Bulunan finonacci sayısı sınır değeri geçtiği anda döngüden çıkarız.

Akış Şeması

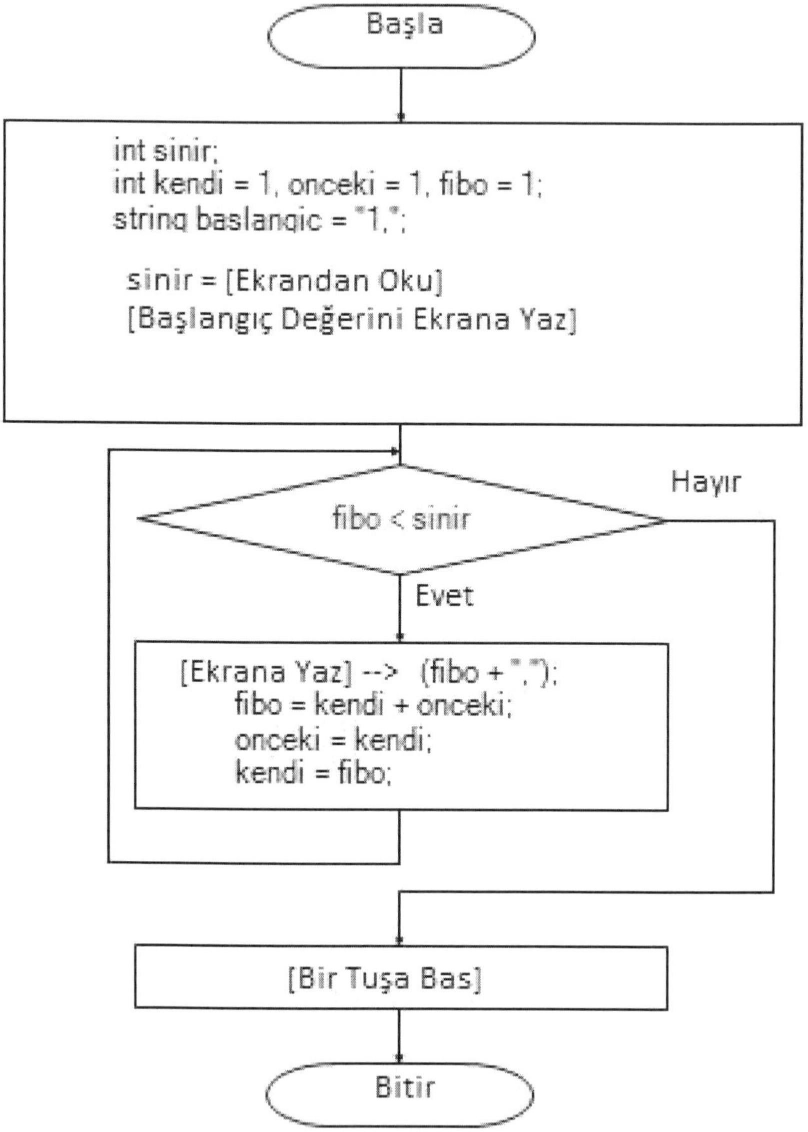
Başla
int sinir;
int kendi = 1, onceki = 1, fibo = 1;
string baslangic = "1,";
sinir = [Ekrandan Oku]
[Başlangıç Değerini Ekrana Yaz]
fibo < sinir
Hayır
Evet
[Ekrana Yaz] --> (fibo + ",");
fibo = kendi + onceki;
onceki = kendi;
kendi = fibo;
[Bir Tuşa Bas]
Bitir

C# Versiyonu

```
using System;
using System.Collections.Generic;
using System.Linq;
using System.Text;
using System.Threading.Tasks;

namespace fibonacci
{
    class Program
    {
        static void Main(string[] args)
        {
            int sinir;
            int kendi = 1,onceki = 1,fibo=1;
            string baslangic = "1,";
            //sınır değer girilir ve hafızaya alınır
            Console.Write("Sınır Sayıyı Giriniz = ");
            sinir = Convert.ToInt32(Console.ReadLine());
            Console.Write(baslangic);
            //fibonacci serisinde
            //bir sonraki sayı son sayı ile
            //ondan önceki sayının toplamına eşittir.
            while (fibo < sinir)
            {
                Console.Write(fibo + ",");
                fibo = kendi + onceki;
                onceki = kendi;
                kendi = fibo;
            }

            Console.ReadKey();

        }
    }
}
```

Java Versiyonu

```java
package programlar;

public class Fibonacci {

    public static void main(String[] args) {

        //sinir deger girilir ve hafizaya alinir
        Long sinir = Ekran.sayiOkuLong("Sinir Sayiyi Giriniz ");
        Long kendi = 1L, onceki = 1L, fibo = 1L;

        //fibonacci serisinde
        //bir sonraki sayi son sayi ile
        //ondan önceki sayinin toplamina esittir.
        //sinir degere kadar bu mantikla degerler bulunur
        //ve ekrana basilir
        while (fibo < sinir) {
            Ekran.yaz(fibo + ", ");
            fibo = kendi + onceki;
            onceki = kendi;
            kendi = fibo;
        }
    }
}
```

Python Versiyonu

```python
import sys

#sınır değer girilir ve hafızaya alınır
sinir = int(input("Sinir Sayıyi Giriniz "))
kendi = 1
onceki = 1
fibo = 1

#fibonacci serisinde
#bir sonraki sayı son sayı ile
#ondan önceki sayının toplamına eşittir.
while fibo < sinir:
    sys.stdout.write(str(fibo) + ", ")
    fibo = kendi + onceki
    onceki = kendi
    kendi = fibo
```

Programın Ekran Çıktısı

```
D:\dmyo\kitap\pt\fibonacci\fibonacci\bin\Debug\fibonacci.exe
Sınır Sayıyı Giriniz = 400
1,1,2,3,5,8,13,21,34,55,89,144,233,377,
```

Asal Çarpanlara Ayırma Programı

Girilen sayıyı asal çarpanlarına ayıran program

Programda deneyimlenen yapılar ve kavramlar;

- *Değişken tanımlama ve kullanım*
- *Ekrana yazma ve ekrandan okuma*
- *Döngü kullanımı*
- *if (koşul) kullanımı*
- *Tip dönüşümleri*

Nasıl Yazarız?

1. Asal çarpanlarına ayrılacak olan sayıyı ekrandan alırız
2. 2 den yani en küçük asal çarpandan başlayıp tam bölündüğü sürece sayıyı bu sayı ile böler ve ekrana basarız
3. Tam bölmediyse sayacı 1 artırırız ve sıradaki tam böleni bulmaya çalışırız.
4. 2. ve 3. Basamağı sayı bölünerek 1 e ulaşana kadar devam ettiririz.

Akış Şeması

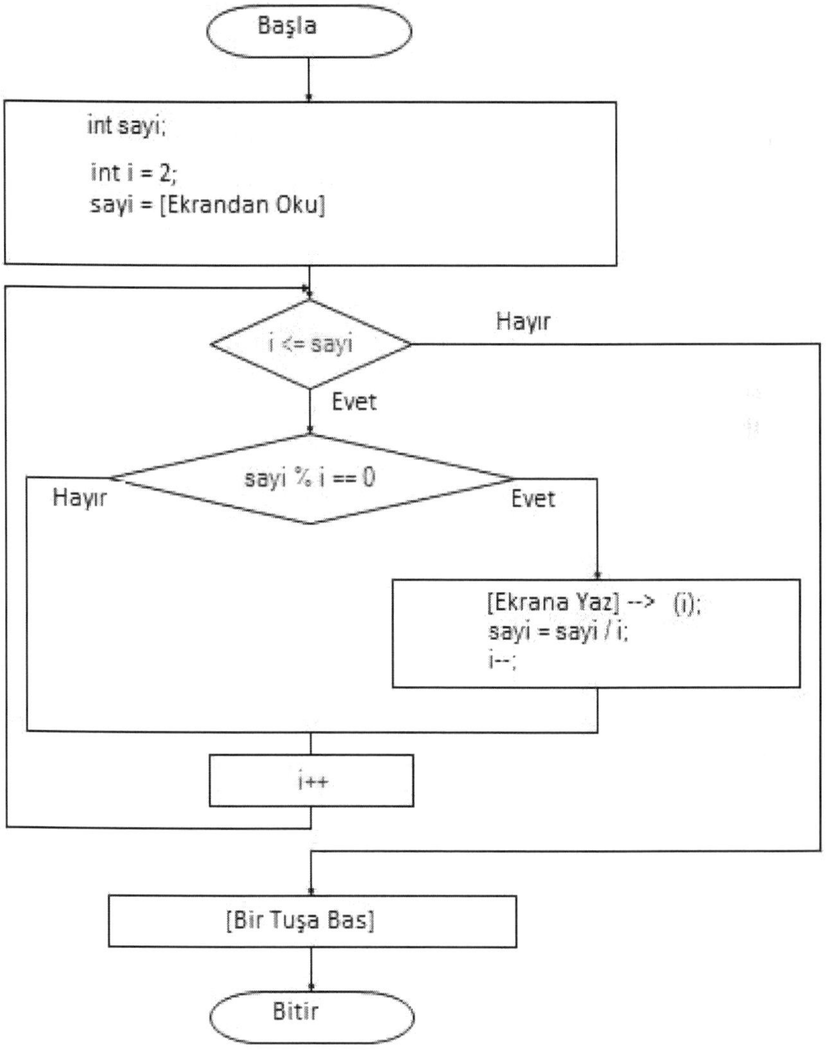
Başla
int sayi;
int i = 2;
sayi = [Ekrandan Oku]
i <= sayi
Hayır
Evet
sayi % i == 0
Hayır
Evet
[Ekrana Yaz] --> (i);
sayi = sayi / i;
i--;
i++
[Bir Tuşa Bas]
Bitir

C# Versiyonu

```
using System;
using System.Collections.Generic;
using System.Linq;
using System.Text;
using System.Threading.Tasks;

namespace asal_carpan
{
    class Program
    {
        static void Main(string[] args)
        {
            int sayi;
            //girilen sayı hafızaya alınır
            Console.Write("Bir Tam Sayı Giriniz = ");
            sayi = Convert.ToInt32(Console.ReadLine());
            //2 den itibaren sayıya kadar
            //bölenler kontrol edilir
            for (int i = 2; i <= sayi; i++)
                //tam böldüyse bir daha
                //denemesi için sayaç 1 azaltılır
                if (sayi % i == 0)
                {
                    Console.WriteLine(i);
                    sayi = sayi / i;
                    i--;
                }

            Console.ReadKey();
        }
    }
}
```

Java Versiyonu

```
package programlar;

public class AsalCarpan {

    public static void main(String[] args) {

        //girilen sayi hafizaya alinir
        Long sayi = Ekran.sayiOkuLong("Bir Tam Sayi Giriniz: ");

        //2 den itibaren sayiya kadar
        //bölenler kontrol edilir

        for (int i = 2; i <= sayi; i++) {
            if (sayi % i == 0) {
                //tam böldüyse bir daha
                //denemesi için sayaç 1 azaltilir

                Ekran.yaz(i + ", ");
                sayi = sayi / i;
                i--;
            }
        }
    }
}
```

Python Versiyonu

```
import sys

#çarpanlarına ayrılacak sayı hafızaya alınır
sayi = int(input("Bir Tam Sayı Giriniz: "))

#2 den itibaren sayıya kadar
#bölenler kontrol edilir
i = 2
#tam böldüğü sürece bu işlem devam eder
#bölünmediğinde sayac arttırılır
#ve bir sonraki çarpan aranır
#tam bölen asal sayılar ekrana basılır
while i <= sayi:
    if sayi % i == 0 :
        sys.stdout.write(str(i) + ",")
        sayi = sayi / i
    else:
        i = i + 1
```

Programın Ekran Çıktısı

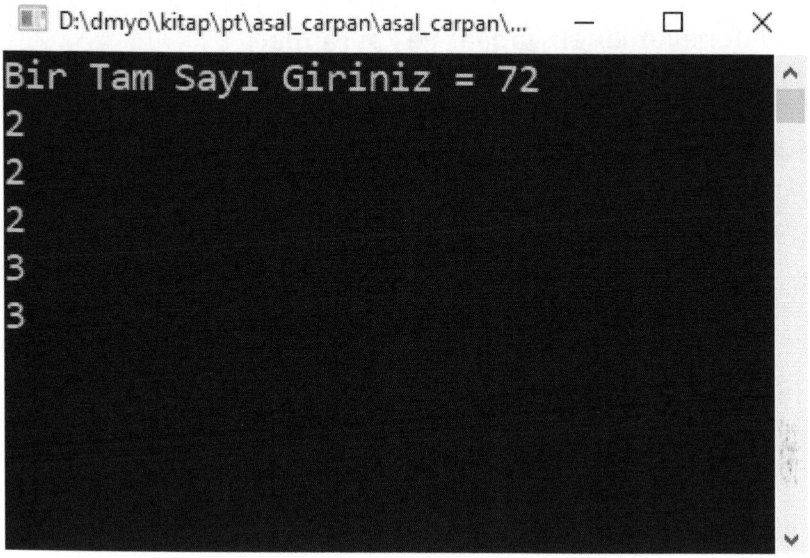

Asal Sayı Programı

Girilen sayının asal sayı olup olmadığını bulan program

Programda deneyimlenen yapılar ve kavramlar;

- *Değişken tanımlama ve kullanım*
- *Ekrana yazma ve ekrandan okuma*
- *Döngü kullanımı*
- *if (koşul) kullanımı*
- *Tip dönüşümleri*
- *Temel operatörler*

Nasıl Yazarız?

1. Ekrandan bir sayı alırız
2. 2 den başlayarak birer artırarak bir döngü oluşturur ve sayıyı sürekli yeni elemana tam bölünüyor mu diye kontrol ederiz
3. Tam bölen bir sayı bulduğumuzda bir değişkenin değerini "true" olarak değiştirir döngüden çıkarız
4. Daha sonra da ilgili değişkendeki değeri kontrol ederek "true" ise asal olduğunu değilse asal olmadığını ekrana basarız.

Akış Şeması

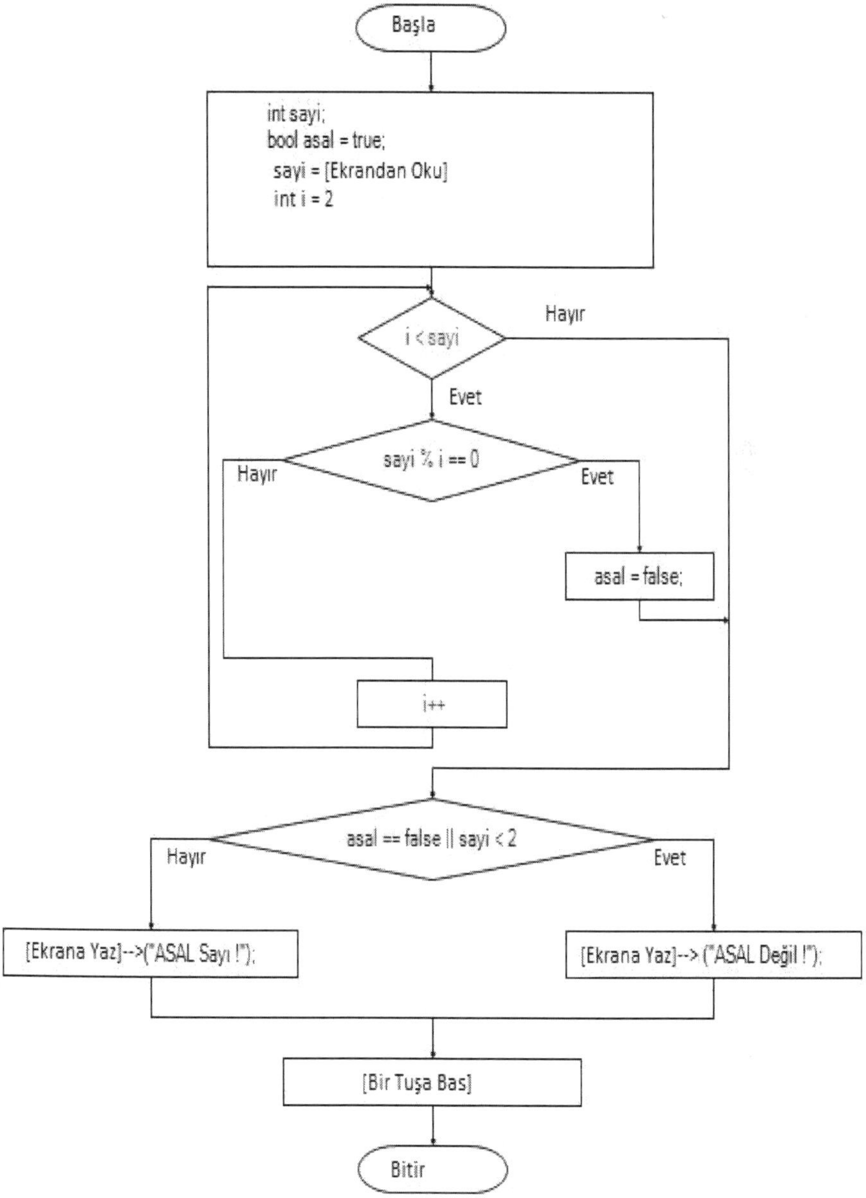
Başla
int sayi;
bool asal = true;
sayi = [Ekrandan Oku]
int i = 2
i < sayi
Hayır
Evet
sayi % i == 0
Hayır
Evet
asal = false;
i++
asal == false || sayi < 2
Hayır
Evet
[Ekrana Yaz]-->("ASAL Sayı !");
[Ekrana Yaz]--> ("ASAL Değil !");
[Bir Tuşa Bas]
Bitir

C# Versiyonu

```
using System;
using System.Collections.Generic;
using System.Linq;
using System.Text;
using System.Threading.Tasks;

namespace asalmi
{
    class Program
    {
        static void Main(string[] args)
        {
            //değişkenlerim
            int sayi;
            bool asal = true;

            Console.Write("Bir Tam Sayı Giriniz: ");
            // sayıyı okuyup hafızaya alıyorum
            sayi = Convert.ToInt32(Console.ReadLine());
            // kendisi dışında bir tam bölen bulduğumda
            // asal ı 'false' yapıp döngüden çıkıyorum
            for (int i=2; i < sayi; i++)
                if (sayi % i == 0)
                {
                    asal = false;
                    break;
                }
            //sayı 2 den küçükse veya asal değişkeni 'false'
            //ise sayı asal değildir.
            if (asal == false || sayi < 2)
                Console.Write("ASAL Değil !");
            else
                Console.Write("ASAL Sayı !");

            Console.ReadKey();

        }
    }
}
```

Java Versiyonu

```
package programlar;

public class Asalmi {

    public static void main(String[] args) {
        // sayiyi okuyup hafizaya aliyorum
        Long sayi = Ekran.sayiOkuLong("Bir Tam Sayi Giriniz: ");
        boolean asal = true;

        // kendisi disinda bir tam bölen buldugumda
        // asal i 'false' yapip döngüden çikiyorum

        for (int i = 2; i < sayi; i++) {
            if (sayi % i == 0) {
                asal = false;
                break;
            }
        }

        //sayi 2 den küçükse veya asal degiskeni 'false'
        //ise sayi asal degildir.

        if (asal == false || sayi < 2)
            Ekran.yaz("Asal DEGIL !");
        else
            Ekran.yaz("ASAL Sayi !");
    }
}
```

Python Versiyonu

```
import sys

#kontrol edilecek sayı hafızaya alınır.
sayi = int(input("Bir Tam Sayı Giriniz: "))
asal = True

#2 den baslanarak sayıya kadar
#tam bölen sayı var mı diye bakılır
#tam bölen sayı bulunursa
#asal değişkeni 'false' olarak ayarlanır
#ve döngüden çıkılır
for i in range(2, sayi):
    if sayi % i == 0:
        asal = False
        break

#eğer asal değişkeni false ise veya
#sayı 2 den küçükse asal değildir
#aksi durumda asaldır.
if asal == False or sayi < 2:
    print("ASAL Değil !")
else:
    print("ASAL Sayı !")
```

Programın Ekran Çıktısı

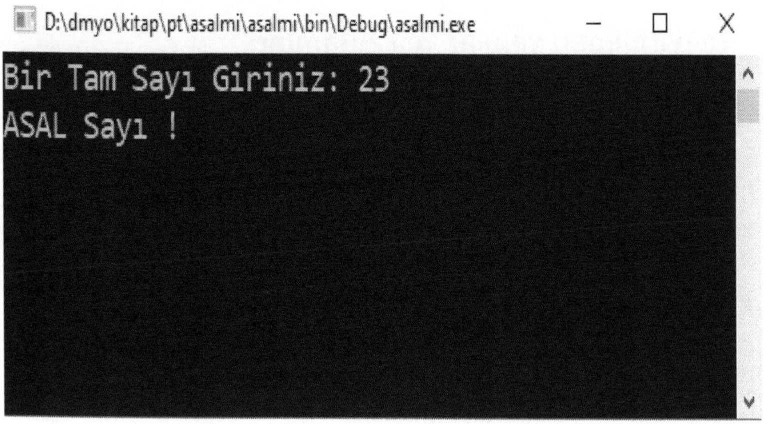

Çıkararak Bölme İşlemi Yapan Program

"Çıkarma" işlemini kullanarak bölme işlemi yapan program

Programda deneyimlenen yapılar ve kavramlar;

- *Değişken tanımlama ve kullanım*
- *Ekrana yazma ve ekrandan okuma*
- *Döngü kullanımı*
- *Tip dönüşümleri*

Nasıl Yazarız?

1. Ekrandan bölünecek olan ve bölecek olan sayıyı alırız
2. İlk değeri 0 olan bir değişken tanımlarız
3. Bir döngü içerisinde bölünecek olan sayıdan bölecek sayıyı sürekli çıkarırız ve her çıkardığımızda 2. Basamakta tanımladığımız değişkenimizi 1 arttırırız.
4. Bölünecek sayı bölen sayıdan küçük olduğunda döngüden çıkarız
5. Bölünecek olan sayının son hali kalanı 2. Basamakta tanımlanan değişkenin son hali ise bölümü verir

Akış Şeması

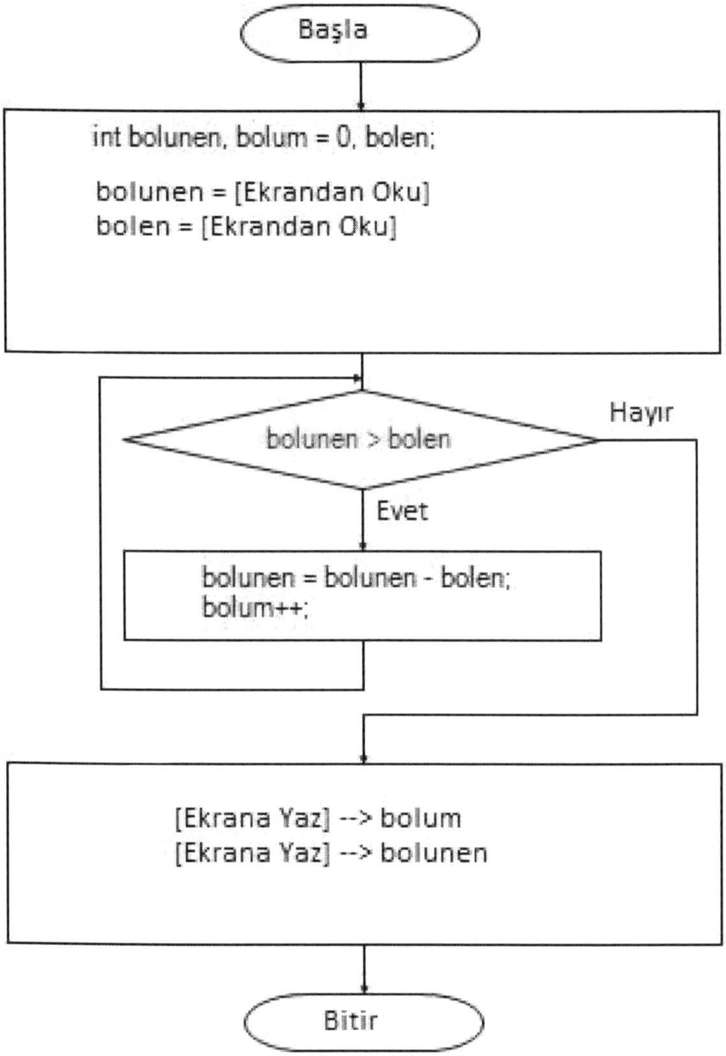
Başla
int bolunen, bolum = 0, bolen;
bolunen = [Ekrandan Oku]
bolen = [Ekrandan Oku]
bolunen > bolen
Hayır
Evet
bolunen = bolunen - bolen;
bolum++;
[Ekrana Yaz] --> bolum
[Ekrana Yaz] --> bolunen
Bitir

C# Versiyonu

```
using System;
using System.Collections.Generic;
using System.Linq;
using System.Text;
using System.Threading.Tasks;

namespace cikararak_bolme
{
    class Program
    {
        static void Main(string[] args)
        {
            int bolunen, bolum = 0, bolen;
            //Bölünen ve bölen sayıyı okuyup hafızaya alıyorum
            Console.Write("Bölüneni Giriniz = ");
            bolunen = Convert.ToInt32(Console.ReadLine());
            Console.Write("Böleni Giriniz = ");
            bolen = Convert.ToInt32(Console.ReadLine());

            //bölünen sayı bölenden küçük olduğu sürece
            //bölünenden böleni çıkarıp sonucu tekrar
            //bölünene aktar ve bölümü 1 arttır
            while (bolunen > bolen)
            {
                bolunen = bolunen - bolen;
                bolum++;
            }

            //döngü bitince bölünendeki sonuç kalan olur
            //kalan ve bölümü yazdır.
            Console.WriteLine("Bölüm = " + bolum.ToString());
            Console.WriteLine("Kalan = " + bolunen.ToString());
            Console.ReadKey();

        }
    }
}
```

Java Versiyonu

```
package programlar;

public class CikararakBolme {

    public static void main(String[] args) {

        //Bölünen ve bölen sayiyi okuyup hafizaya aliyorum
        Long bolunen = Ekran.sayiOkuLong("Bölüneni Giriniz: ");
        Long bolen = Ekran.sayiOkuLong("Böleni Giriniz: ");
        Long bolum = 0L;

        //bölünen sayi bölenden küçük oldugu sürece
        //bölünenden böleni çikarip sonucu tekrar
        //bölünene aktar ve bölümü 1 arttir

        while (bolunen > bolen) {
            bolunen = bolunen - bolen;
            bolum++;
        }

        //döngü bitince bölünendeki sonuç kalan olur
        //kalan ve bölümü yazdir.

        Ekran.yaz("Bölüm = " + bolum);
        Ekran.yaz("Kalan = " + bolunen);
    }
}
```

Python Versiyonu

```
import sys
#bölünen ve bölen sayılar ekrandan
#sayı olarak okunup hafızaya alınır.
#bolum değişkenine ilk başta 0 değeri atanır.
bolunen = int(input("Bölüneni Giriniz: "))
bolen = int(input("Böleni Giriniz: "))
bolum = 0

#bölünen bölenden büyük veya eşit olduğu sürece
#bölünenden bölen çıkarılarak yeniden bölünene
#atılır ve her defasında bölüm 1 arttırılır.
while bolunen >= bolen:
    bolunen = bolunen - bolen
    bolum += 1

#döngü bitince bölüm ve kalan bulunmuş olur
#ve ekrana basılır.
print("Bölüm = " + str(bolum))
print("Kalan = " + str(bolunen))
```

Programın Ekran Çıktısı

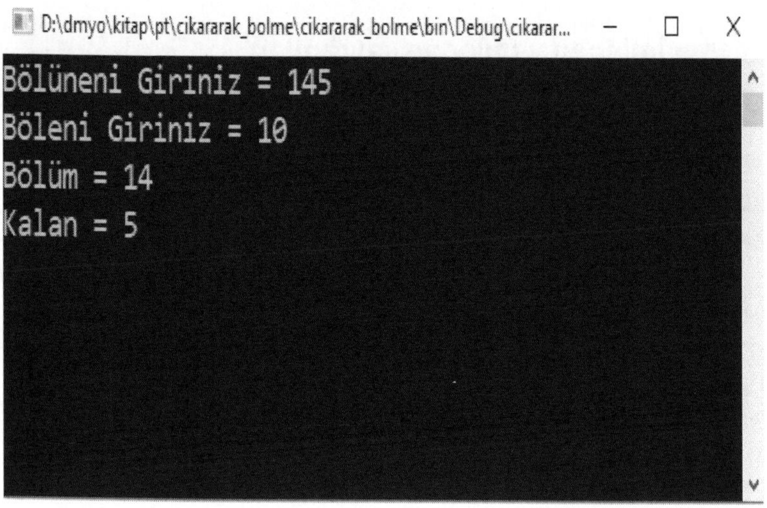

Toplayarak Çarpma İşlemi Yapan Program

"Toplama" işlemini kullanarak çarpma işlemi yapan program

Programda deneyimlenen yapılar ve kavramlar;

- *Değişken tanımlama ve kullanım*
- *Ekrana yazma ve ekrandan okuma*
- *Döngü kullanımı*
- *Tip dönüşümleri*

Nasıl Yazarız?

1. Hangi iki sayıyı çarpacağımızı ekrandan alırız
2. Bu sayılardan birini döngü ile öteki kadar kendine ekleriz
3. Sonucu ekrana basarız

Akış Şeması

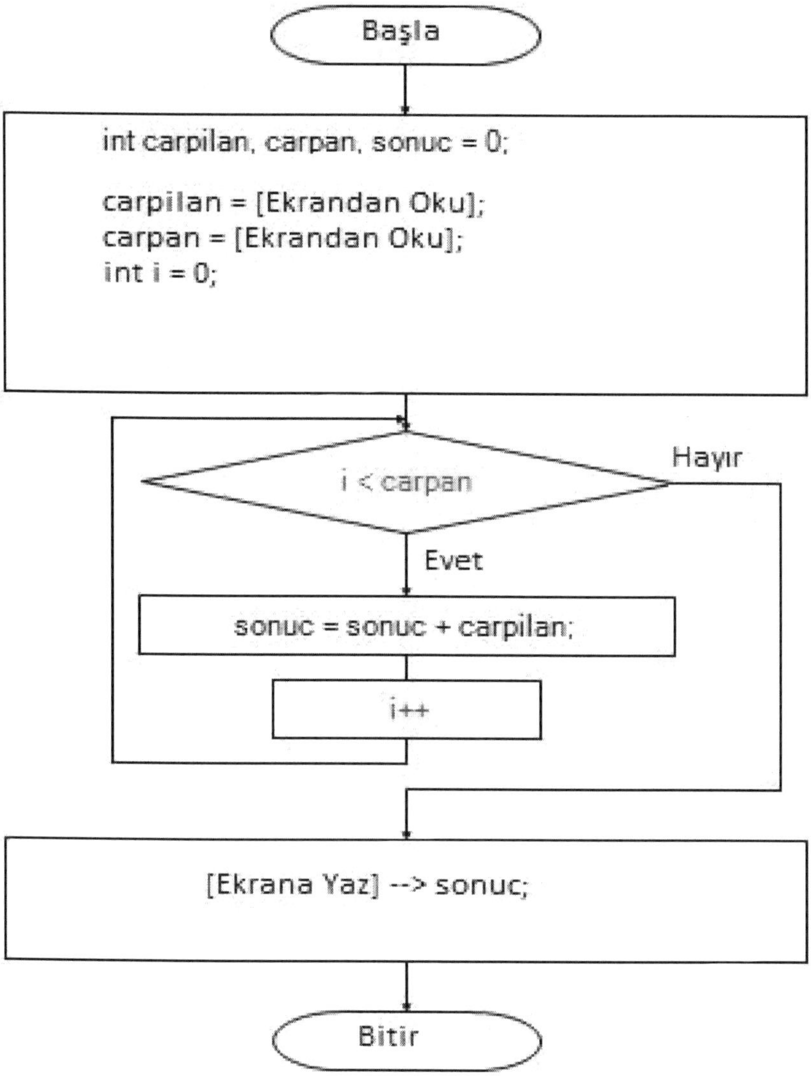
Başla
int carpilan, carpan, sonuc = 0;
carpilan = [Ekrandan Oku];
carpan = [Ekrandan Oku];
int i = 0;
i < carpan
Hayır
Evet
sonuc = sonuc + carpilan;
i++
[Ekrana Yaz] --> sonuc;
Bitir

C# Versiyonu

```
using System;
using System.Collections.Generic;
using System.Linq;
using System.Text;
using System.Threading.Tasks;

namespace toplayarak_carpma
{
    class Program
    {
        static void Main(string[] args)
        {
            int carpilan, carpan,sonuc=0;
            //Çağpılan ve çarpan sayıyı okuyup hafızaya alıyorum
            Console.Write("Çarpılacak Sayıyı Giriniz = ");
            carpilan = Convert.ToInt32(Console.ReadLine());
            Console.Write("Çarpanı Giriniz = ");
            carpan = Convert.ToInt32(Console.ReadLine());

            //çarpan kere çarpılanı kendisiyle toplayıp
            //sonuca atıyorum
            for (int i = 0; i < carpan; i++)
                sonuc = sonuc + carpilan;

            //sonucu yazdırıyorum
            Console.WriteLine("Sonuç = " + sonuc.ToString());
            Console.ReadKey();
        }
    }
}
```

Java Versiyonu

```
package programlar;

public class ToplayarakCarpma {

    public static void main(String[] args) {

        //Çarpilan ve çarpan sayiyi okuyup hafizaya aliyorum
        Long carpilan = Ekran.sayiOkuLong("Çarpilacak Sayiyi Giriniz = ");
        Long carpan = Ekran.sayiOkuLong("Çarpani Giriniz = ");
        Long sonuc = 0L;

        //çarpan kere çarpilani kendisiyle toplayip
        //sonuca atiyorum

        for (int i = 0; i < carpan; i++)
            sonuc = sonuc + carpilan;

        //sonucu yazdiriyorum
        Ekran.yaz("Sonuç = " + sonuc);
    }
}
```

Python Versiyonu

```
import sys

#çarpılacak olan sayı ile çarpan sayı
#ekrandan okunup hafızaya alınır.
carpilan = int(input("Çarpılacak Sayıyı Giriniz = "))
carpan = int(input("Çarpanı Giriniz = "))
sonuc = 0

#döngü içinde carpan kadar sonuc a carpılan eklenerek
#yeniden sonuca atılır
for i in range(carpan):
    sonuc = sonuc + carpilan


#döngü bitince sonuc bulunmuş olur ve
#ekrana basılır
print("Sonuç = " + str(sonuc))
```

Programın Ekran Çıktısı

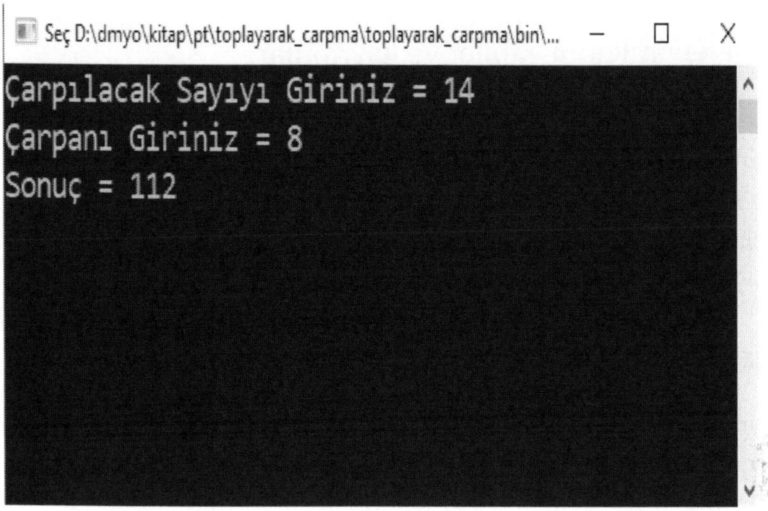

Desenli Dikdörtgen Çizme Programı

Halı dokuma programı ☺

Programda deneyimlenen yapılar ve kavramlar;

- *Değişken tanımlama ve kullanım*
- *Ekrana yazma ve ekrandan okuma*
- *İçiçe döngü kullanımı*
- *Tip dönüşümleri*
- *Bazı özel programlama karakterleri*

Nasıl Yazarız?

1. Ekrandan çizilecek dikdörtgenin enini, boyunu ve hangi karakter ile çizeceğini alırız.
2. İç içe "EN X BOY" kadar dönecek bir döngü oluştururuz.
3. "EN" kadar ilgili deseni yazdıktan sonra alt satıra geçeriz ve deseni yazmaya devam ederiz
4. "BOY" kadar alt satıra geçtikten sonra da döngüden çıkar programı bitiririz.

Akış Şeması

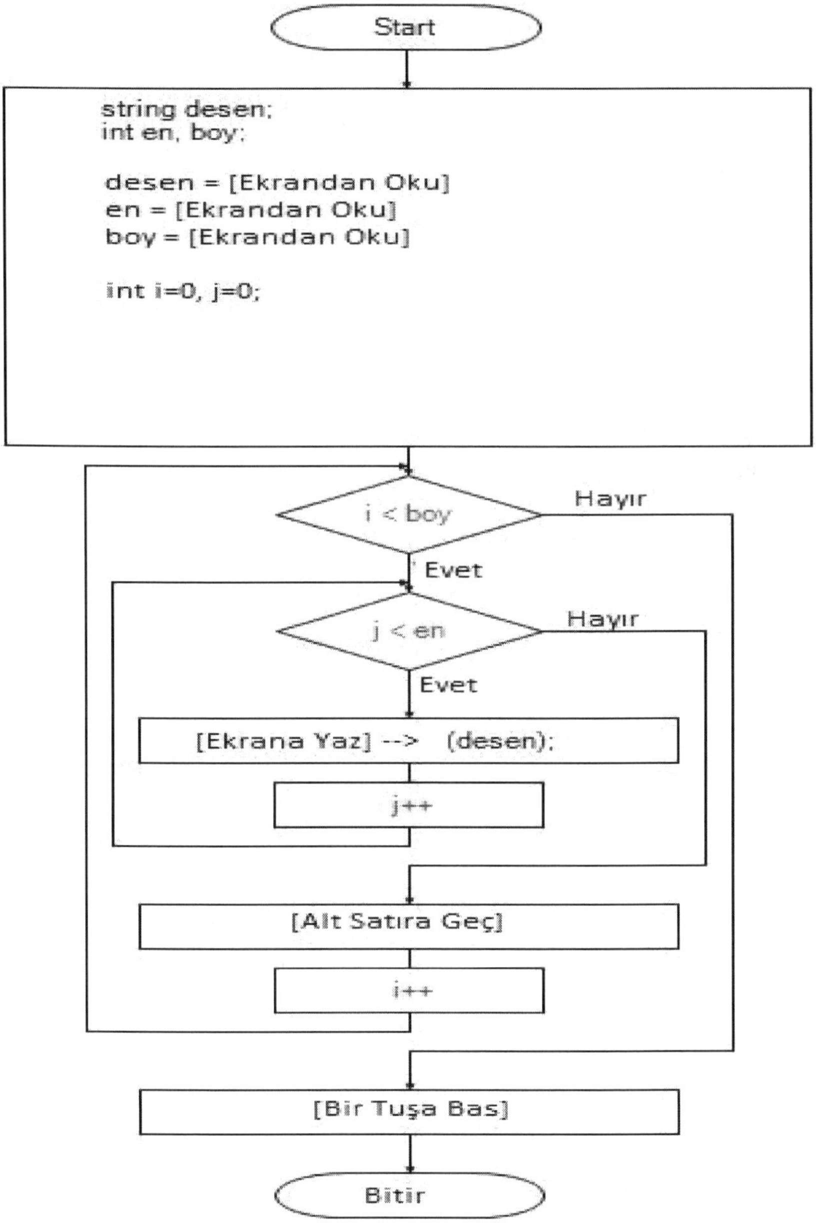
Start
string desen;
int en, boy;
desen = [Ekrandan Oku]
en = [Ekrandan Oku]
boy = [Ekrandan Oku]
int i=0, j=0;
i < boy
Hayır
Evet
j < en
Hayır
Evet
[Ekrana Yaz] --> (desen);
j++
[Alt Satıra Geç]
i++
[Bir Tuşa Bas]
Bitir

C# Versiyonu

```
using System;
using System.Collections.Generic;
using System.Linq;
using System.Text;
using System.Threading.Tasks;

namespace dikdortgen
{
    class Program
    {
        static void Main(string[] args)
        {
            string desen;
            int en,boy;
            //halının desen karakteri,eni ve boyu okunup
            //hafızaya alınıyor
            Console.Write("Desen İçin Bir Karakter Giriniz = ");
            desen = Convert.ToString(Console.ReadLine());
            Console.Write("Eni Kaç Birim Olacak ? ");
            en = Convert.ToInt32(Console.ReadLine());
            Console.Write("Boyu Kaç Birim Olacak ? ");
            boy = Convert.ToInt32(Console.ReadLine());

            //"en X boy" ebatında halı dokunuyor
            for (int i = 0; i < boy; i++)
            {
                for (int j = 0; j < en; j++)
                {
                    //yanyana deseni yazar
                    Console.Write(desen);
                }
                //"en" e ulaşınca alt satıra geçer
                Console.Write("\n");
            }

            //bir tuşa basılmasını bekler
            Console.ReadKey();
        }
    }
}
```

Java Versiyonu

```
package programlar;

public class Dikdortgen {

    public static void main(String[] args) {

        //Desen karakteri,eni ve boyu okunup
        //hafizaya aliniyor

        String desen = Ekran.textOku("Desen için Bir Karakter Giriniz = ");
        Long en = Ekran.sayiOkuLong("Eni Kaç Birim Olacak ? ");
        Long boy = Ekran.sayiOkuLong("Boyu Kaç Birim Olacak ? ");

        //"en x boy ebatinda hali dokunuyor

        for (int i = 0; i < en; i++) {
            for (int j = 0; j < boy; j++) {

                //yanyana deseni yazar
                Ekran.yaz(desen);
            }
            //"en" e ulasinca alt satira geçer
            Ekran.yaz(System.lineSeparator());
        }
    }
}
```

Python Versiyonu

```
import sys

#çizilecek dikdörtgenin desen karakteri
#eni ve boyu ekrandan alınıp
#hafızaya (değişkenlere) atılır
desen = input("Desen İçin Bir Karakter Giriniz = ")
en = int(input("Eni Kaç Birim Olacak ? "))
boy = int(input("Boyu Kaç Birim Olacak ? "))

#en X boy şeklinde içiçe
#döngü kurularak desen karakteri
#ekrana basılır
for i in range(0,en):
    for j in range(0,boy):
        sys.stdout.write(desen)
    print("")
```

Programın Ekran Çıktısı

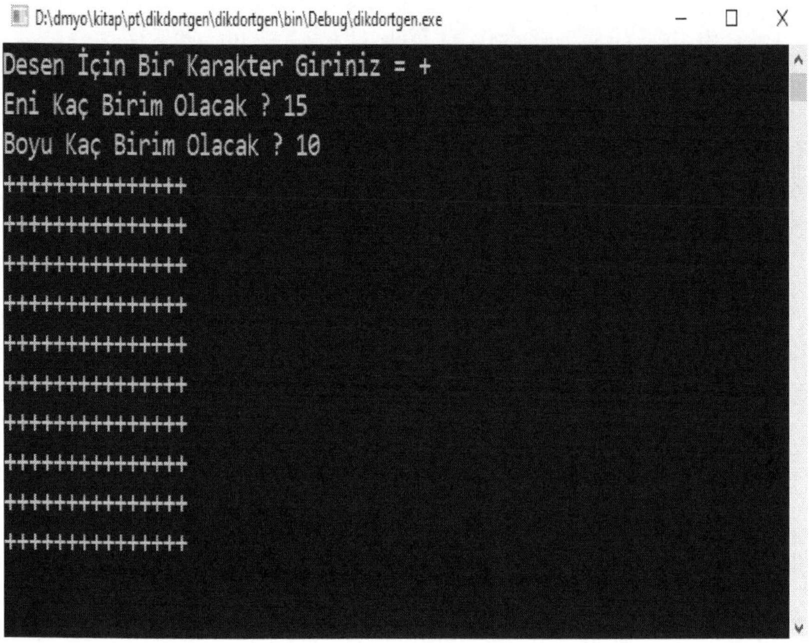

Büyük Ünlü Uyumu Programı

Girilen kelimenin "büyük ünlü" uyumuna uyup uymadığını bulan program

Programda deneyimlenen yapılar ve kavramlar;

- *Değişken tanımlama ve kullanım*
- *Ekrana yazma ve ekrandan okuma*
- *Döngü kullanımı*
- *Koşul deyimleri*
- *Tip dönüşümleri*
- *Karakter dizileri(string ifadeler)*
- *Fonksiyon kullanımı*

Nasıl Yazarız?

1. Kontrol edeceğimiz kelimeyi ekrandan alırız
2. Kelimeyi karakter karakter kontrol ederek ince ünlü ve kalın ünlü olup olmadığını bulan iki ayrı fonksiyon yazarız
3. Kelimeyi 2. Basamakta tanımladığımız fonksiyonlara gönderip kelimede ince veya kalın ünlü olup olmadığı bilgisini alırız.
4. 3. Basamakta dönen değerlere göre kelimenin büyük ünlü uyumuna uyup uymadığını ekrana basarız.

Akış Şeması

"incevarmi" fonksiyonu

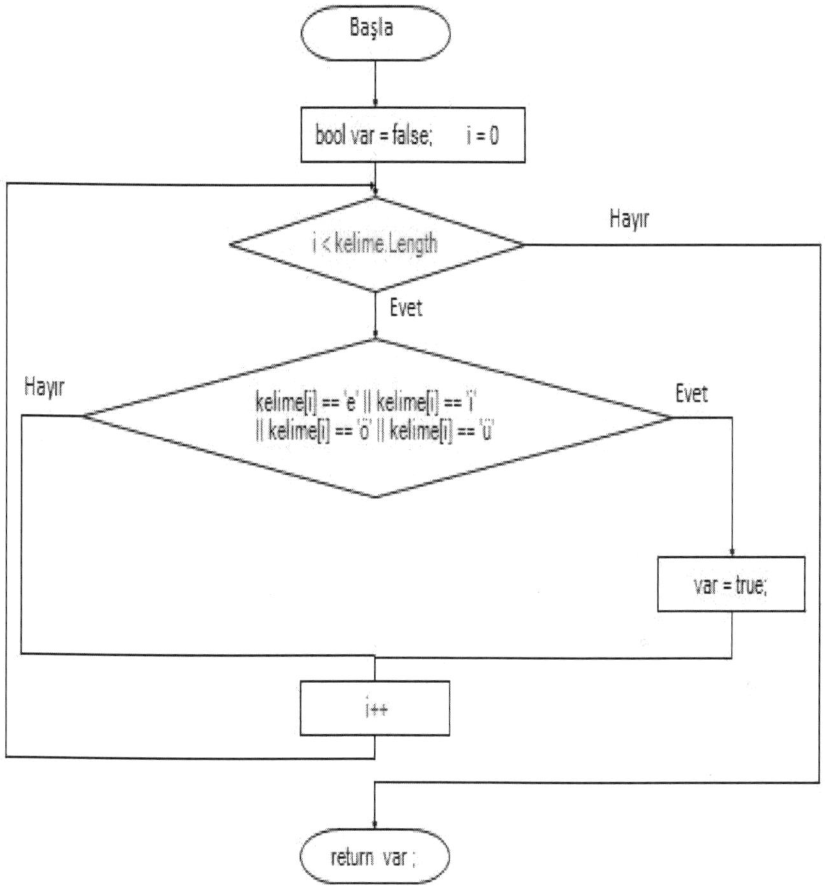

"kalınvarmi" fonksiyonu

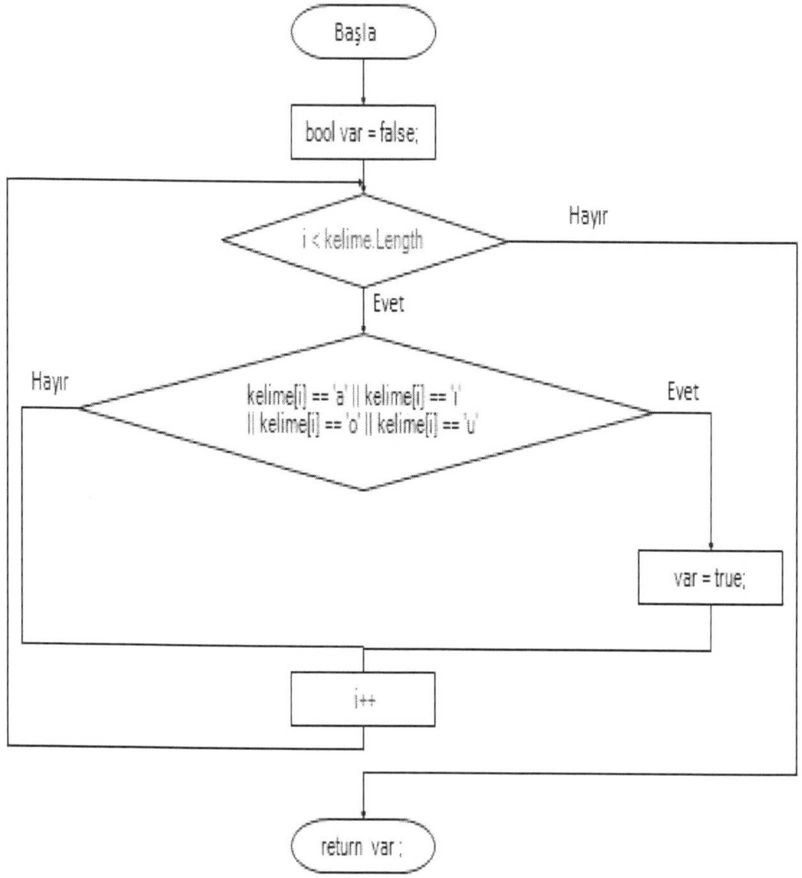

Program

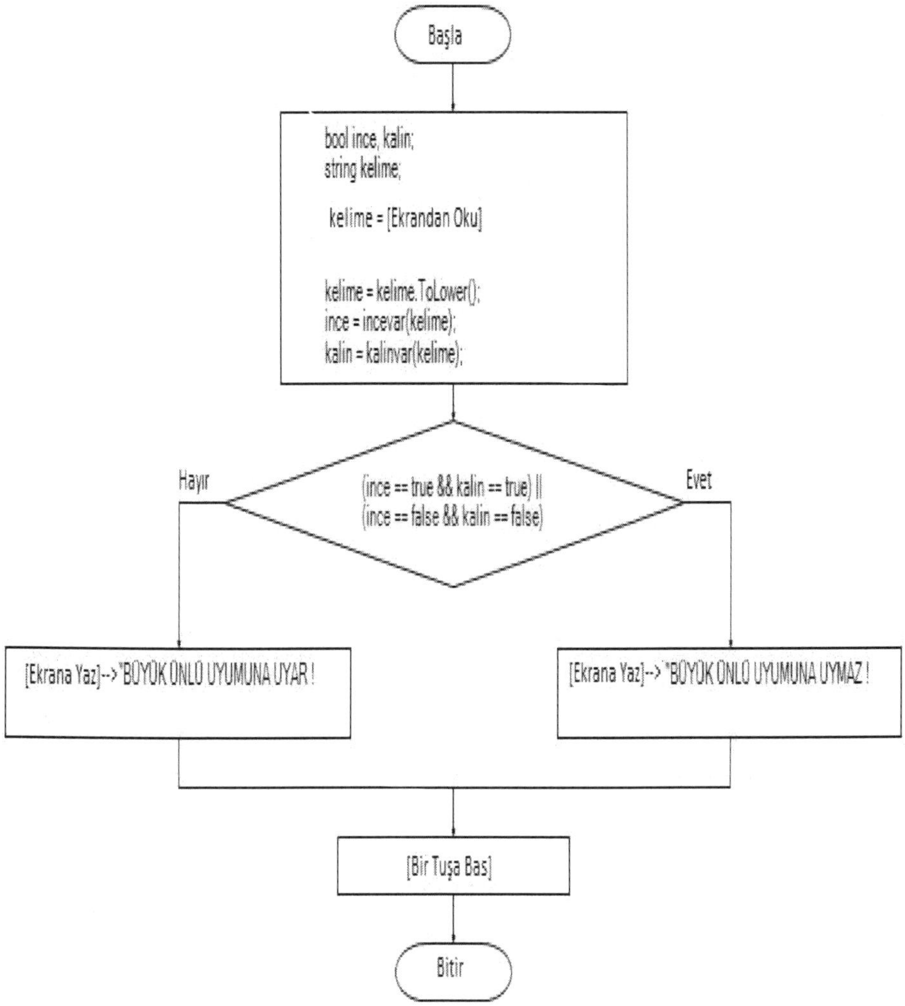
Başla
bool ince, kalin;
string kelime;
kelime = [Ekrandan Oku]
kelime = kelime.ToLower();
ince = incevar(kelime);
kalin = kalinvar(kelime);
Hayır
(ince == true && kalin == true) ||
(ince == false && kalin == false)
Evet
[Ekrana Yaz]-->"BÜYÜK ÜNLÜ UYUMUNA UYAR !
[Ekrana Yaz]-->"BÜYÜK ÜNLÜ UYUMUNA UYMAZ !
[Bir Tuşa Bas]
Bitir

C#Versiyonu

```
using System;
using System.Collections.Generic;
using System.Linq;
using System.Text;
using System.Threading.Tasks;

namespace buyuk_unlu
{
    class Program
    {
        //gönderilen kelimeyi karakter katakter
        //kontrol edip içerisinde kalın ünlü
        //varsa "true" döndüren fonksiyon
        static bool kalinvar(string kelime)
        {
            bool var = false;
            for (int i = 0; i < kelime.Length; i++)
                if (kelime[i] == 'a' || kelime[i] == 'ı'
                    || kelime[i] == 'o' || kelime[i] == 'u')
                    var = true;
            return var;
        }
        //gönderilen kelimeyi karakter katakter
        //kontrol edip içerisinde ince ünlü
        //varsa "true" döndüren fonksiyon
        static bool incevar(string kelime)
        {
            bool var = false;
            for (int i = 0; i < kelime.Length; i++)
                if (kelime[i] == 'e' || kelime[i] == 'i'
                    || kelime[i] == 'ö' || kelime[i] == 'ü')
                    var = true;
            return var;
        }
```

```
        static void Main(string[] args)
        {
            bool ince, kalin;
            string kelime;
            //kelime okunup hafızaya alınır
            Console.Write("Kelimeyi Giriniz = ");
            kelime = Convert.ToString(Console.ReadLine());
            //kelime küçük harfe çevrilir
            kelime = kelime.ToLower();
            //kelime fonksiyonlara gönderilerek
            //içerisinde kalın veya ince ünlü olup
            //olmadığına bakılır
            ince = incevar(kelime);
            kalin = kalinvar(kelime);
            //hem kalin hem ince varsa
            //veya ikisi de yoksa UYMAZ..
            if ((ince == true && kalin == true) ||
                (ince == false && kalin == false))
                    Console.Write("BÜYÜK ÜNLÜ UYUMUNA UYMAZ ! ");
            else
                    Console.Write("BÜYÜK ÜNLÜ UYUMUNA UYAR ! ");

            Console.ReadKey();

        }
    }
}
```

Java Versiyonu

```java
public class BuyukUnlu {

    //gönderilen kelimeyi karakter karakter
    //kontrol edip içerisinde kalin ünlü
    //varsa "true" döndüren fonksiyon

    private static Boolean kalinVar(String kelime) {
        boolean var = false;
        for (int i = 0; i < kelime.length(); i++) {
            char ch = kelime.charAt(i);
            if (ch == 'a' || ch == '?' || ch == 'o' || ch == 'u') var = true;
        }
        return var;
    }

    //gönderilen kelimeyi karakter karakter
    //kontrol edip içerisinde ince ünlü
    //varsa "true" döndüren fonksiyon

    private static Boolean inceVar(String kelime) {
        boolean var = false;
        for (int i = 0; i < kelime.length(); i++) {
            char ch = kelime.charAt(i);
            if (ch == 'e' || ch == 'i' || ch == 'ö' || ch == 'ü') var = true;
        }
        return var;
    }
```

```
    public static void main(String[] args) {

        //kelime okunup hafizaya alinir
        String kelime = Ekran.textOku("Kelimeyi Giriniz = ");

        //kelime küçük harfe çevrilir
        //(büyük harfleri kontrol etmek zorunda kalmayalim diye)
        kelime = kelime.toLowerCase();

        //kelime fonksiyonlara gönderilerek
        //içerisinde kalin veya ince ünlü olup
        //olmadigina bakilir

        boolean kalin = kalinVar(kelime);
        boolean ince = inceVar(kelime);

        //hem kalin hem ince varsa
        //veya ikisi de yoksa UYMAZ..

        if ((kalin == true && ince == true) || (kalin == false && ince == false)) {
            Ekran.yaz("BÜYÜK ÜNLÜ UYUMUNA UYMAZ !");
        } else {
            Ekran.yaz("BÜYÜK ÜNLÜ UYUMUNA UYAR !");

        }
    }
}
```

Python Versiyonu

```
#gönderilen bir kelimede kalın
#ünlü harf varsa true döndüren
#fonksiyon
def kalinVar(kelime):
    kalinHarfler = "aıou"
    var = False
    for i in range(0, len(kelime)):
        if kelime[i] in kalinHarfler:
            var = True
            break
    return var

#gönderilen bir kelimede ince
#ünlü harf varsa true döndüren
#fonksiyon
def inceVar(kelime):
    inceHarfler = "eiöü"
    var = False
    for i in range(0, len(kelime)):
        if kelime[i] in inceHarfler:
            var = True
            break
    return var
```

```python
#kelime ekrandan hafızaya alınır
kelime = input("Kelimeyi Giriniz = ")

#alınan kelime sırasıyla
#yukarıdaki fonksiyonlara gönderilerek
#içerisinde ince veya kalın ünlü olup
#olmadığı bulunup ilgili değişkenlere atılır
kalin = kalinVar(kelime)
ince = inceVar(kelime)

#eğer kalin ve ince değişkenleri true olmuşsa veya ikisi de false ise
#büyük ünlü uyumuna uymaz
#aksi taktirde uyar mesajı ekrana basılır.
if (kalin == True and ince == True) or (kalin == False and ince == False):
    print("BÜYÜK ÜNLÜ UYUMUNA UYMAZ !")
else:
    print("BÜYÜK ÜNLÜ UYUMUNA UYAR !")
```

Programın Ekran Çıktısı

Obeb ve Okek Bulan Program

Girilen iki sayının OBEB ve OKEK ini bulan program

Programda deneyimlenen yapılar ve kavramlar;

- *Değişken tanımlama ve kullanım*
- *Ekrana yazma ve ekrandan okuma*
- *Döngü kullanımı*
- *Koşul deyimleri*
- *Tip dönüşümleri*
- *Fonksiyon kullanımı*

Nasıl Yazarız?

1. OBEB ve OKEK i bulunacak sayıları ekrandan alırız
2. OBEB en fazla küçük sayı kadar olabileceğinden küçük sayıdan geriye doğru bakıp iki sayıyı da tam bölen bulduğumuz ilk sayıyı obeb olarak döndüren bir fonksiyon yazarız
3. OKEK en fazla iki sayının çarpımı kadar olacağına ve en az büyük sayı kadar olabileceğine göre büyük sayıdan itibaren ikisinin çarpımına kadar sayıları tek tek iki sayının da tam katı mı diye kontrol ederiz ve ikisinin de tam katı olan bulduğumuz ilk sayıyı okek olarak döndüren bir fonksiyon yazarız.
4. 2. Ve 3. Basamaktaki mantığa göre yazılan fonksiyonlara ekrandan alınan sayılar göndeririz.
5. Fonksiyonlardan dönen değerleri ekrana basarız.

Akış Şeması

"obeb_bul" fonksiyonu

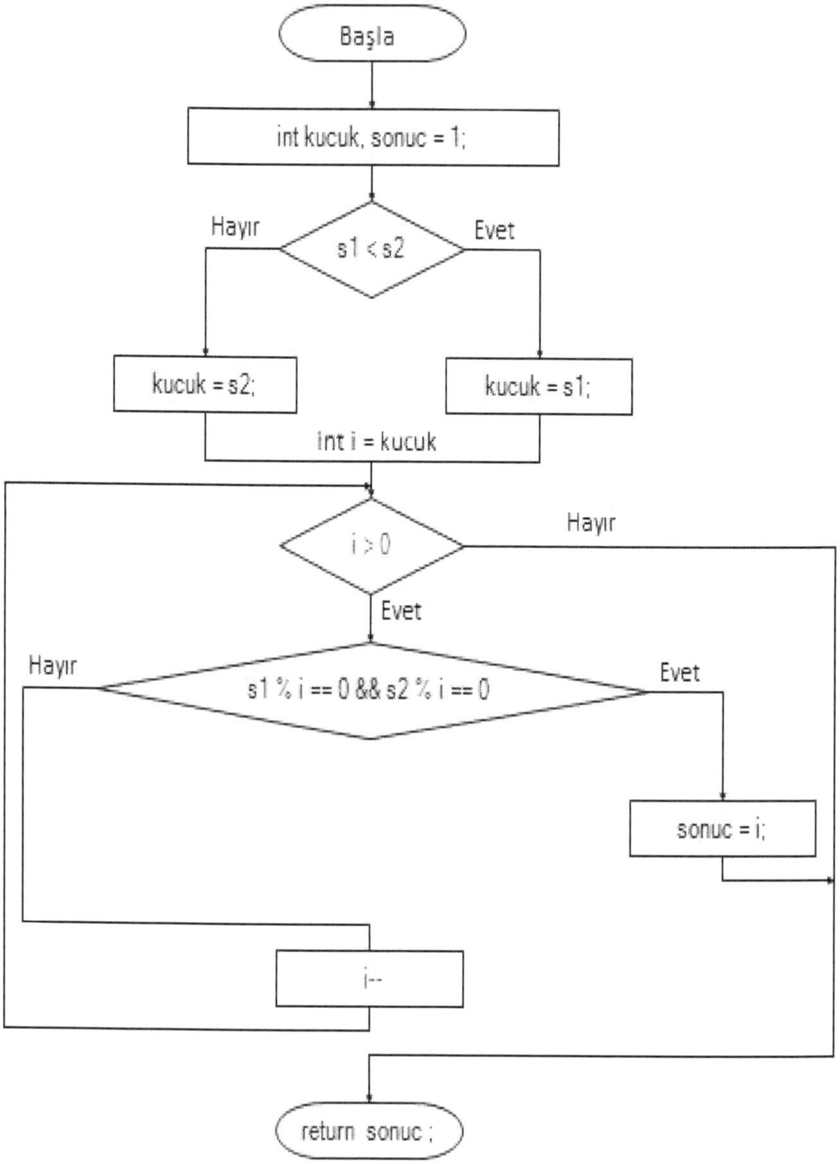

"okek_bul" fonksiyonu

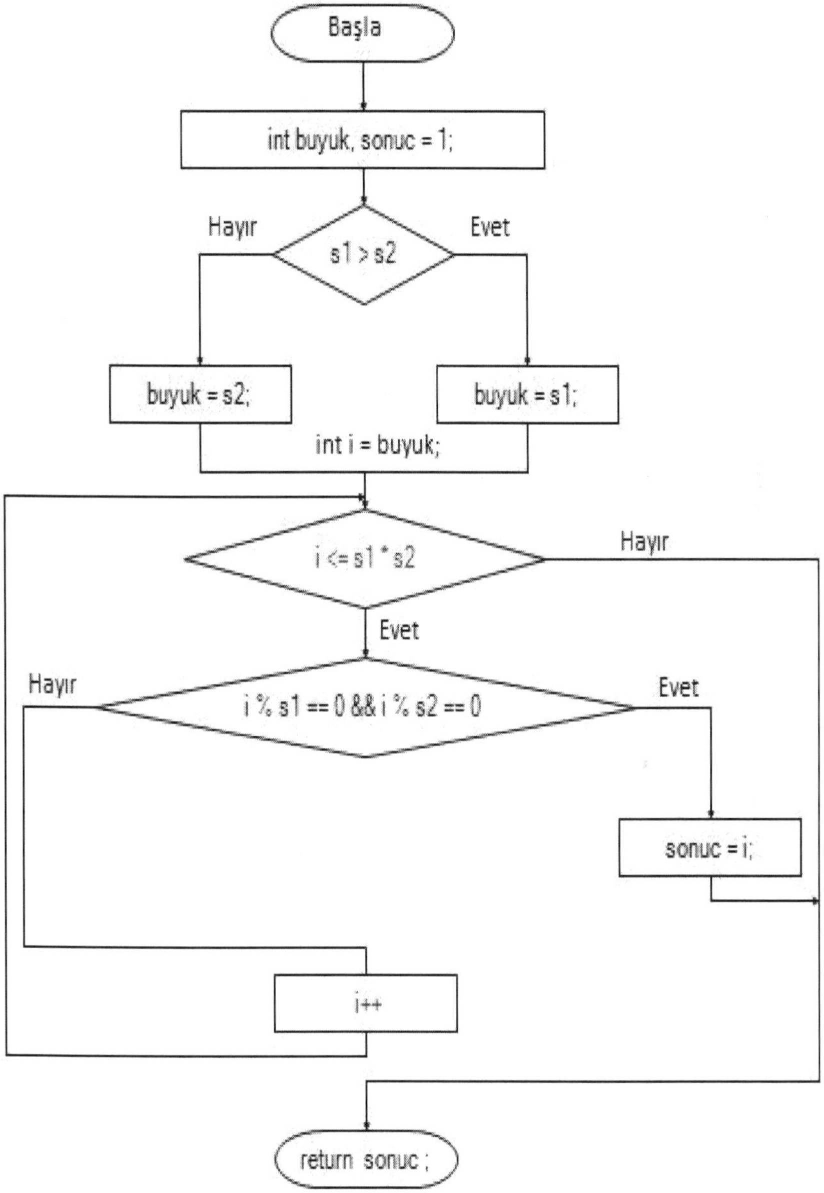

Program

.Başla
int sayi1, sayi2, obeb, okek;
sayi1 = [Ekrandan Al]
sayi2 = [Ekrandan Al]
obeb = obeb_bul(sayi1, sayi2);
okek = okek_bul(sayi1, sayi2);
[Fonksiyonlardan Dönen Değerleri Ekrana Yaz]
Bitir

C#Versiyonu

```
using System;
using System.Collections.Generic;
using System.Linq;
using System.Text;
using System.Threading.Tasks;

namespace obeb_okek
{
    class Program
    {
        //gönderilen iki sayının obeb ini bulup
        //geri döndüren fonksiyon
        static int obeb_bul(int s1, int s2)
        {
            int kucuk, sonuc = 1;
            if (s1 < s2)
                kucuk = s1;
            else
                kucuk = s2;
            //küçük sayıdan geriye doğru bakılır
            //ikisini de tam bölen ilk sayıda
            //döngüden çıkılır.
            for (int i = kucuk; i > 0; i--)
                if (s1 % i == 0 && s2 % i == 0)
                {
                    sonuc = i;
                    break;
                }

            return sonuc;
        }
```

```
        //gönderilen iki sayının okek ini bulup
        //geri döndüren fonksiyon
        static int okek_bul(int s1, int s2)
        {
            int buyuk, sonuc = 1;
            if (s1 > s2)
                buyuk = s1;
            else
                buyuk = s2;
            //büyük sayıdan iki sayının çarpımına kadar
            //bakılır ikisinin de tam katı olan ilk sayıda
            //döngüden çıkılır.
            for (int i = buyuk; i <= s1 * s2; i++)
                if (i % s1 == 0 && i % s2 == 0)
                {
                    sonuc = i;
                    break;
                }
            return sonuc;
        }
         static void Main(string[] args)
         {
             //ekrandan 2 sayı okunup hafızaya alınır
             int sayi1, sayi2,obeb,okek;
             Console.Write("1. Sayıyı Giriniz = ");
             sayi1 = Convert.ToInt32(Console.ReadLine());
             Console.Write("2. Sayıyı Giriniz = ");
             sayi2 = Convert.ToInt32(Console.ReadLine());

             //sayılar fonksiyonlara gönderilip
             //dönen değerler ekrana basılır
             obeb = obeb_bul(sayi1, sayi2);
             okek = okek_bul(sayi1, sayi2);

             Console.Write("OBEB = " + obeb.ToString() +
                           "\nOKEK = " + okek.ToString());

             Console.ReadKey();

         }
    }
}
```

Java Versiyonu

```java
package programlar;

public class ObebOkek {


    //gönderilen iki sayinin obeb ini bulup
    //geri döndüren fonksiyon

    private static long obebBul(Long s1, Long s2) {
        // "?" if anlaminda ":" else anlaminda
        Long kucuk = (s1 < s2) ? s1 : s2;

        //küçük sayidan geriye dogru bakilir
        //ikisini de tam bölen ilk sayida
        //döngüden çikilir.

        for (long i = kucuk; i > 0; i--) {
            if (s1 % i == 0 && s2 % i == 0) return i;
        }
        return 1;
    }
```

```
private static long okekBul(Long s1, Long s2) {

    // "?" if anlaminda ":" else anlaminda
    Long buyuk = (s1 > s2) ? s1 : s2;

    //büyük sayidan iki sayinin çarpimina kadar
    //bakilir ikisinin de tam kati olan ilk sayida
    //döngüden çikilir.

    for (long i = buyuk; i <= s1 * s2; i++) {
        if (i % s1 == 0 && i % s2 == 0) return i;
    }
    return s1 * s2;
}
```

```
    public static void main(String[] args) {

        //ekrandan 2 tam sayi okunup hafizaya alinir
        Long sayi1 = Ekran.sayiOkuLong("1. Sayiyi Giriniz = ");
        Long sayi2 = Ekran.sayiOkuLong("2. Sayiyi Giriniz = ");

        //sayilar fonksiyonlara gönderilip
        //dönen degerler ekrana basilir

        long obeb = obebBul(sayi1, sayi2);
        long okek = okekBul(sayi1, sayi2);
        Ekran.yaz("OBEB = " + obeb);
        Ekran.yaz(System.lineSeparator());
        Ekran.yaz("OKEK = " + okek);

    }
}
```

Python Versiyonu

```
#iki sayının obeb ini bulan fonksiyon
#kucuk sayıyı bulur
#kucuk sayıdan itibaren geriye doğru
#bakarak ikisini de ilk tam bölen sayıyı döndürür.
def obebBul(s1, s2):
    if s1 < s2 : kucuk = s1
    else: kucuk = s2
    for i in range(kucuk, 0, -1):
        if s1 % i == 0 and s2 % i == 0: return i
    return 1

#iki sayının okek ini bulan fonksiyon
#büyük sayıyı bulur
#büyük sayıdan itibaren ileriye doğru
#bakarak ikisinin de ilk tam carpanı olan sayıyı döndürür.
def okekBul(s1, s2):
    if s1 > s2 : buyuk = s1
    else: buyuk = s2
    for i in range(buyuk, s1 * s2):
        if i % s1 == 0 and i % s2 == 0: return i
    return s1 * s2

#ekrandan sayılar okunup hafızaya alınır
#sayılar yukardaki fonksiyonlara gönderilerek
#dönen değerler ekrana basılır.
sayi1 = int(input("1. Sayıyı Giriniz = "))
sayi2 = int(input("2. Sayıyı Giriniz = "))
obeb = obebBul(sayi1, sayi2)
okek = okekBul(sayi1, sayi2)
print("OBEB = " + str(obeb))
print("OKEK = " + str(okek))
```

Programın Ekran Çıktısı

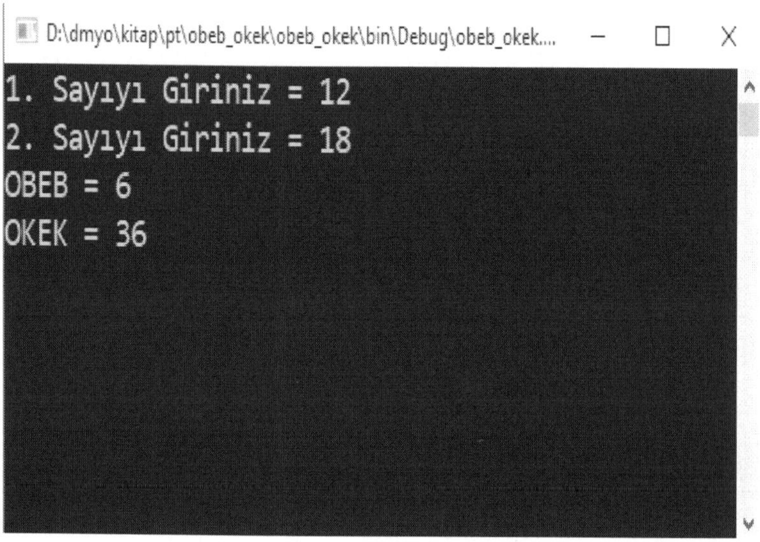

Bir Dizi Sayının En Küçüğünü, En Büyüğünü ve Ortalamasını Bulan Program

Girilen bir dizi sayının en küçük,en büyük, ortalama ve toplamını bulan program

Programda deneyimlenen yapılar ve kavramlar;

- *Değişken tanımlama ve kullanım*
- *Ekrana yazma ve ekrandan okuma*
- *Döngü kullanımı*
- *Koşul deyimleri*
- *Tip dönüşümleri*
- *Fonksiyon kullanımı*
- *Dizi kullanımı*

Nasıl Yazarız?

1. Ekrandan bir dizi sayı alırız
2. Sayıları "," karakterine göre parçalayıp bir sayı dizisine aktarırız
3. Bir dizi sayının en küçüğünü bulan bir fonksiyon yazarız. Bu fonksiyonu yazarken ilk elemanı ilk başta en küçük sayıymış gibi düşünüp bir döngüyle tek tek diğer sayılarla karşılaştırırız bu sayıdan daha küçük bir sayı bulduğumuz anda en küçük sayıya o değeri atıp onunla devam ederiz. Döngü bitince en küçük sayı bulunmuş olur ve o sayıyı geri döndürürüz.
4. Bir dizi sayının en büyüğünü bulan bir fonksiyon yazarız. Bu fonksiyonu yazarken ilk elemanı ilk başta en büyük sayıymış gibi düşünüp bir döngüyle tek tek diğer sayılarla karşılaştırırız bu sayıdan daha büyük bir sayı bulduğumuz anda en büyük sayıya o değeri atıp onunla devam ederiz. Döngü bitince en büyük sayı bulunmuş olur ve o sayıyı geri döndürürüz.
5. Gönderilen bir dizi sayıyı toplayıp döndüren bir fonksiyon yazarız. Bu fonksiyonu yazarken ilk değeri "0" olan bir değişkene sıradaki elemanı ekleyerek devam eden bir döngüden faydalanırız.
6. En sonunda bu dizi sayıyı sırasıyla ilgili fonksiyonlara gönderip geri dönen değerleri ekrana basarız. (Ortalamayı bulmak için ise toplam fonksiyonundan dönen değeri eleman sayısına bölmemiz yeterlidir.)

Akış Diyagramı

"max" fonksiyonu

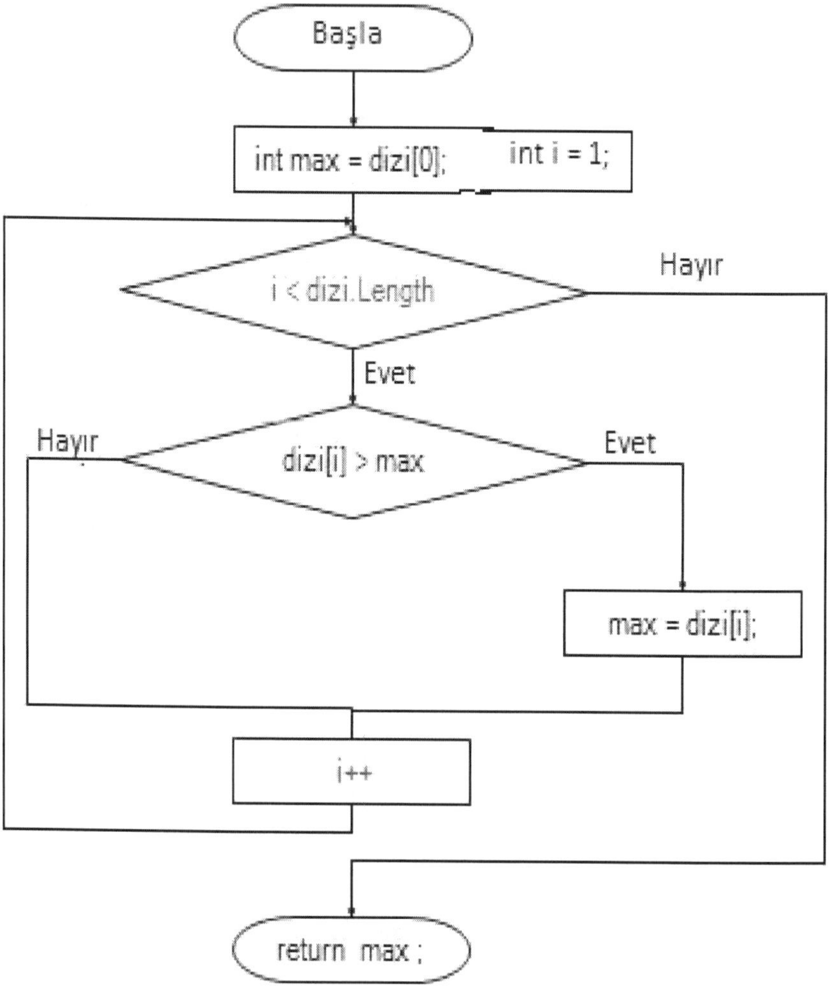

"min" fonksiyonu

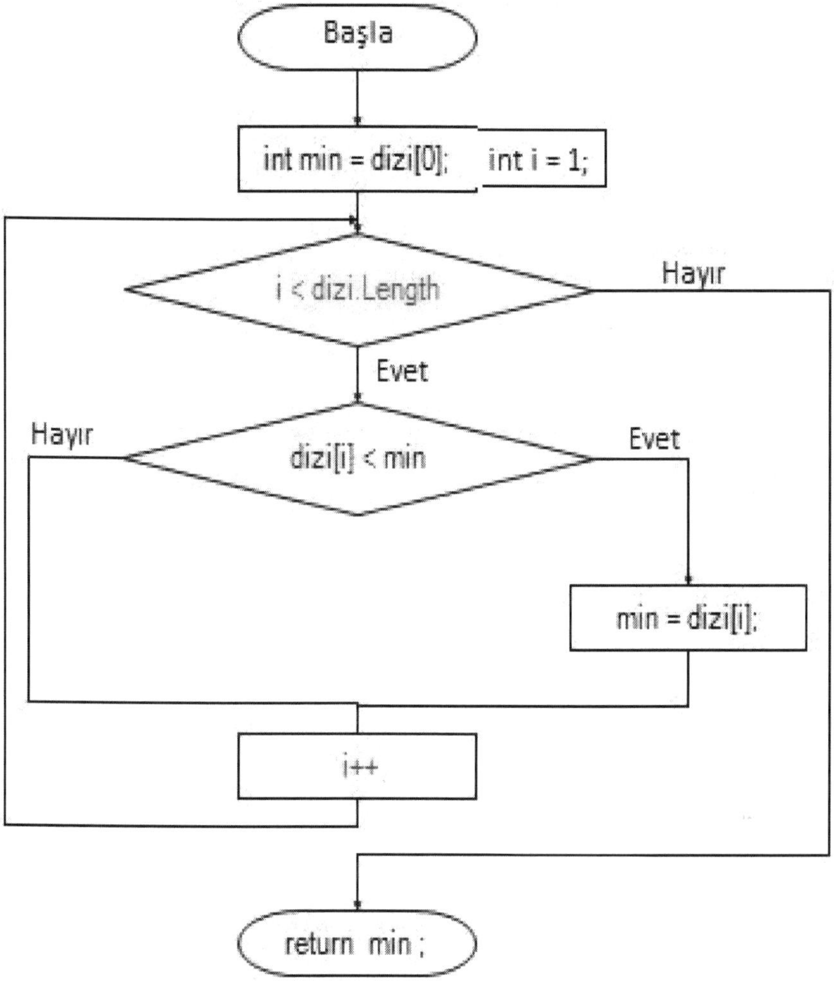

"toplam" fonksiyonu

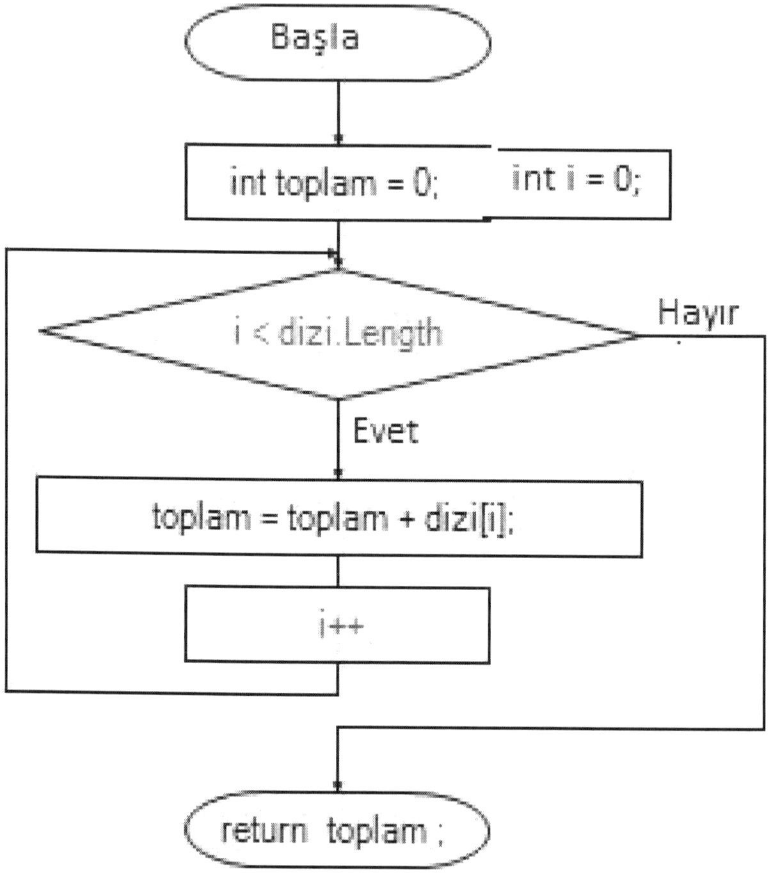

Program

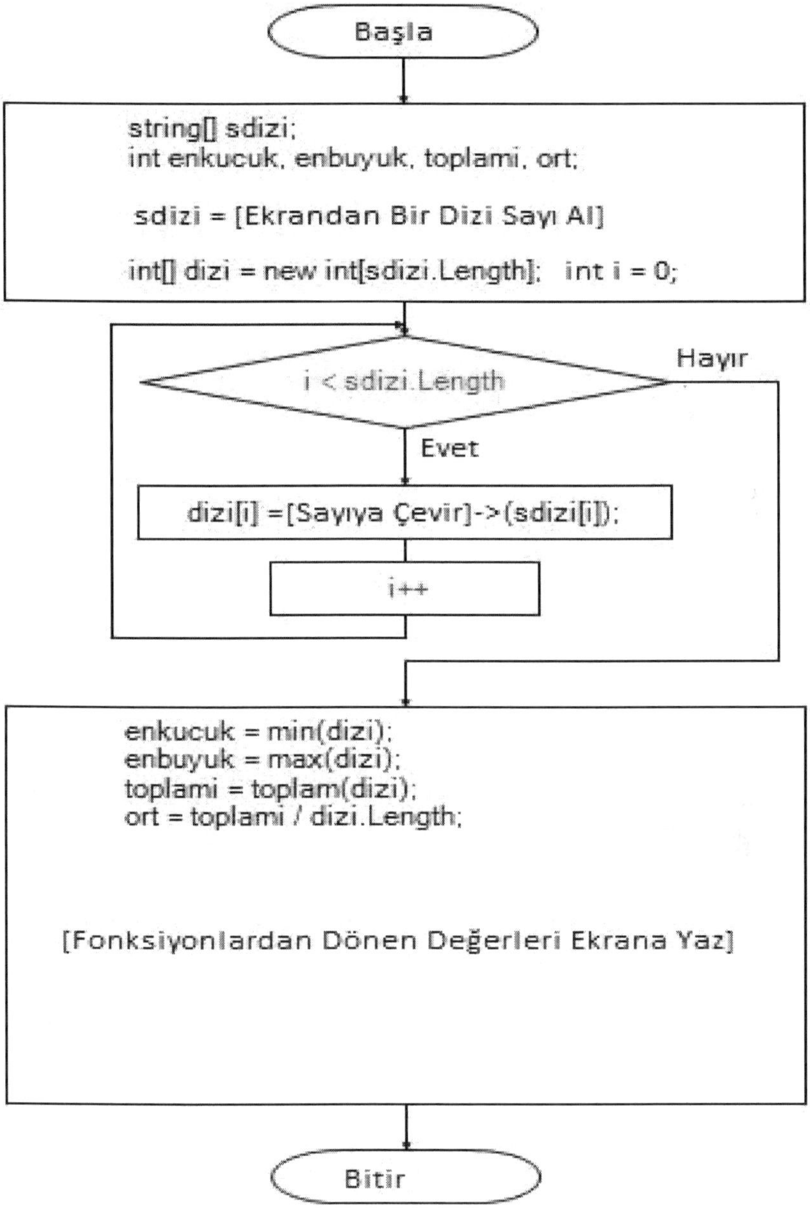
Başla
string[] sdizi;
int enkucuk, enbuyuk, toplami, ort;
sdizi = [Ekrandan Bir Dizi Sayı Al]
int[] dizi = new int[sdizi.Length]; int i = 0;
i < sdizi.Length
Hayır
Evet
dizi[i] =[Sayıya Çevir]->(sdizi[i]);
i++
enkucuk = min(dizi);
enbuyuk = max(dizi);
toplami = toplam(dizi);
ort = toplami / dizi.Length;
[Fonksiyonlardan Dönen Değerleri Ekrana Yaz]
Bitir

C#Versiyonu

```
using System;
using System.Collections.Generic;
using System.Linq;
using System.Text;
using System.Threading.Tasks;

namespace dizi
{
    class Program
    {
        //gönderilen bir dizi tam sayının
        //en büyüğünü bulup döndüren fonksiyon
        //dizinin ilk elemanını max kabul edip
        //sırayla diğer elemanlarla karşılaştırır
        //kendinden büyük sayıyla karşılaştığında
        //o sayı max a atılır
        //döngü bitince maxta en büyük sayı tutulur
        //ve o sayı döndürülür
        static int max(int[] dizi)
        {
            int max = dizi[0];
            for (int i = 1; i < dizi.Length; i++)
                if (dizi[i] > max)
                    max = dizi[i];

            return max;
        }
        //max fonksiyonuyla aynı mantıkta
        //çalışır, farklı olarak
        //kendinden küçük sayı var mı diye bakar
        static int min(int[] dizi)
        {
            int min = dizi[0];
            for (int i = 1; i < dizi.Length; i++)
                if (dizi[i] < min)
                    min = dizi[i];

            return min;
        }
```

```
        //dizinin eleman sayısı kadar bir
        //döngü içinde bütün elemanlar toplanarak
        //toplama atılır ve döndürülür
        static int toplam(int[] dizi)
        {
            int toplam = 0;
            for (int i = 0; i < dizi.Length; i++)
                toplam = toplam + dizi[i];

            return toplam;
        }
        static void Main(string[] args)
        {

            string [] sdizi;
            int enkucuk, enbuyuk, toplami,ort;

            Console.Write("Aralarına virgül yazarak bir dizi tam sayı giriniz -->");
            //aralarına virgül konarak yazılan sayılar "," e göre parçalanıp
            //bir "string" diziye atılır
            sdizi = Console.ReadLine().Split(',');

            //girilen elaman sayısı kadar bir sayı dizisi tanımlanır
            int[] dizi = new int[sdizi.Length];

            //bütün elemanlar tek tek sayıya çevrilip sayı
            //dizisine atılır
            for (int i = 0; i < sdizi.Length; i++)
                dizi[i] = Convert.ToInt32(sdizi[i]);

            //dizi sırasıyla fonksiyonlara
            //gönderilerek geri dönen değerler
            //ekrana basılır
            //ortalamada virgüllü kısım
            //önemsenmemiştir
            enkucuk = min(dizi);
            enbuyuk = max(dizi);
            toplami = toplam(dizi);
            ort = toplami / dizi.Length;

            Console.Write("Girilen Sayıların En Küçüğü = " + enkucuk.ToString());
            Console.Write("\nGirilen Sayıların En Büyüğü = " + enbuyuk.ToString());
            Console.Write("\nGirilen Sayıların Toplamı = " + toplami.ToString());
            Console.Write("\nGirilen Sayıların Ortalaması = " + ort.ToString());

            Console.ReadKey();

        }
    }
}
```

Java Versiyonu

```
package programlar;

public class Dizi {

    //gönderilen bir dizi tam sayinin
    //en büyügünü bulup döndüren fonksiyon
    //dizinin ilk elemanini max kabul edip
    //sirayla diger elemanlarla karsilastirir
    //kendinden büyük sayiyla karsilastiginda
    //o sayi max a atilir
    //döngü bitince maxta en büyük sayi tutulmus olur
    //ve o sayi döndürülür

    private static long max(long[] dizi) {
        long maxSayi = Long.MIN_VALUE;
        for (long i : dizi) {
            maxSayi = (i > maxSayi) ? i : maxSayi;
        }
        return maxSayi;
    }

    //max fonksiyonuyla ayni mantikta
    //calisir, farkli olarak
    //kendinden küçük sayi var mi diye bakar

    private static long min(long[] dizi) {
        long minSayi = Long.MAX_VALUE;
        for (long i : dizi) {
            minSayi = (i < minSayi) ? i : minSayi;
        }
        return minSayi;
    }
```

```
//dizinin eleman sayisi kadar bir
//döngü içinde bütün elemanlar toplanarak
//toplama atilir ve döndürülür

private static long toplam(long[] dizi) {
    long toplam = 0;
    for (long i : dizi) {
        toplam = toplam + i;
    }
    return toplam;
}

//gonderilen bir dizi metni
//sayi dizisine cevirip donduren fonksiyon
private static long[] sayiyaCevir( String[] sDizi){
    long[] dizi = new long[sDizi.length];
    for (int i = 0; i < sDizi.length; i++) {
        dizi[i] = Long.parseLong(sDizi[i]);
    }
    return dizi;
}
```

```
    public static void main(String[] args) {

        //ekrandan alinan degerler "," karakterine gore parcalanip
        //bir metinsel diziye atilir
        //daha sonra onlari sayi dizisine ceviren fonksiyona gonderilir
        //ve donen sayi dizisi kullanilir
        String text = Ekran.textOku("Aralarina virgül yazarak bir dizi tam sayi giriniz -->");
        String[] sDizi = text.split(",");
        long[] dizi = sayiyaCevir(sDizi);

        //dizi sirasiyla fonksiyonlara
        //gönderilerek geri dönen degerler
        //ekrana basilir
        long enKucuk = min(dizi);
        long enBuyuk = max(dizi);
        long toplam = toplam(dizi);
        double ortalama = toplam(dizi) / (double)dizi.length;

        Ekran.yaz("Girilen Sayilarin En Küçügü = " + enKucuk);
        Ekran.yaz(System.lineSeparator());
        Ekran.yaz("Girilen Sayilarin En Büyügü = " + enBuyuk);
        Ekran.yaz(System.lineSeparator());
        Ekran.yaz("Girilen Sayilarin Toplami = " + toplam);
        Ekran.yaz(System.lineSeparator());
        Ekran.yaz("Girilen Sayilarin Ortalamasi = " + ortalama);
    }
}
```

Python Versiyonu

```
import sys

#gönderilen dizinin en büyük elemanını
#bulup döndüren fonksiyon
def max(dizi):
    maxSayi = -float("inf") -1
    for i in dizi:
        if(i > maxSayi):
            maxSayi = i
    return maxSayi

#gönderilen dizinin en küçük elemanını
#bulup döndüren fonksiyon
def min(dizi):
    minSayi = float("inf")
    for i in dizi:
        if(i < minSayi):
            minSayi = i
    return minSayi

#gönderilen dizideki sayıların toplamını
#bulup döndüren fonksiyon
def toplam(dizi):
    toplam = 0
    for i in dizi:
        toplam = toplam + i
    return toplam
```

```
#bir metin dizisini
#sayı dizisine çeviren fonksiyon
def sayiyaCevir(stringDizi):
    dizi = []
    for s in stringDizi:
        dizi.append(int(s))
    return dizi

#aralarına virgül konularak
#girilen bir dizi sayı okunup
# ',' karakterine göre parçalanıp bir diziye atılır.
text = input("Aralarına virgül yazarak bir dizi tam sayı giriniz -->")
stringDizi = text.split(",")
dizi = sayiyaCevir(stringDizi)

#dizi yukarıdaki fonksiyonlara
#gönderilerek en küçük,en büyük
#toplam ve ortalama değerler bulunup
#ekrana basılır
enKucuk = min(dizi)
enBuyuk = max(dizi)
toplamSayi = toplam(dizi)
ortalama = toplamSayi / len(dizi)

print("Girilen Sayıların En Küçüğü = " + str(enKucuk))
print("Girilen Sayıların En Büyüğü = " + str(enBuyuk))
print("Girilen Sayıların Toplamı = " + str(toplamSayi))
print("Girilen Sayıların Ortalaması = " + str(ortalama))
```

Programın Ekran Çıktısı

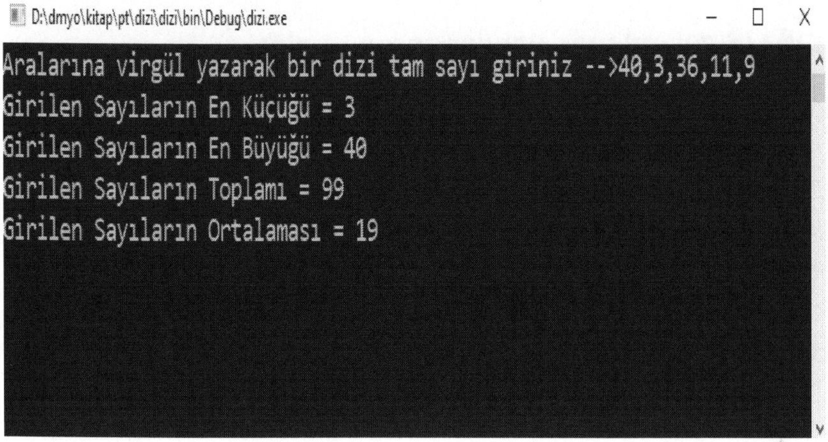

Sıralama Programı

Girilen bir dizi sayıyı sıralama programı

Programda deneyimlenen yapılar ve kavramlar;

- *Değişken tanımlama ve kullanım*
- *Ekrana yazma ve ekrandan okuma*
- *Döngü kullanımı*
- *Koşul deyimleri*
- *Tip dönüşümleri*
- *Dizi kullanımı*
- *Sıralama algoritması*

Nasıl Yazarız?

1. Ekrandan bir dizi sayı alırız
2. Sayıları "," karakterine göre parçalayıp bir sayı dizisine aktarırız
3. Dizinin ilk elemanından başlayarak dizinin bütün elemanlarını birbiriyle karşılaştırabilmesi için içiçe bir döngü oluştururuz.
4. Önce ilk elemanla geri kalan bütün elemanları kıyaslayıp ondan küçük bir elemana rastladığımız anda bir aracı değişken yardımıyla (değerlerin birbirini ezmemesi için) yer değiştiririz.
5. Döngüler bittiğinde bütün elemanlar birbiriyle kıyaslanmış ve yer değiştirmiş şekilde dizi yeniden şekillenmiş olur.
6. Dizinin son hali artık sıralı olduğu için bir döngüyle elemanları ekrana basarız.
7. Büyükten küçüğe sıralanmak isteniyorsa ise aynı işlemin "küçükse" şeklinde değil de "büyükse" şeklinde kontrol edilmesi yeterlidir.

Akış Diyagramı

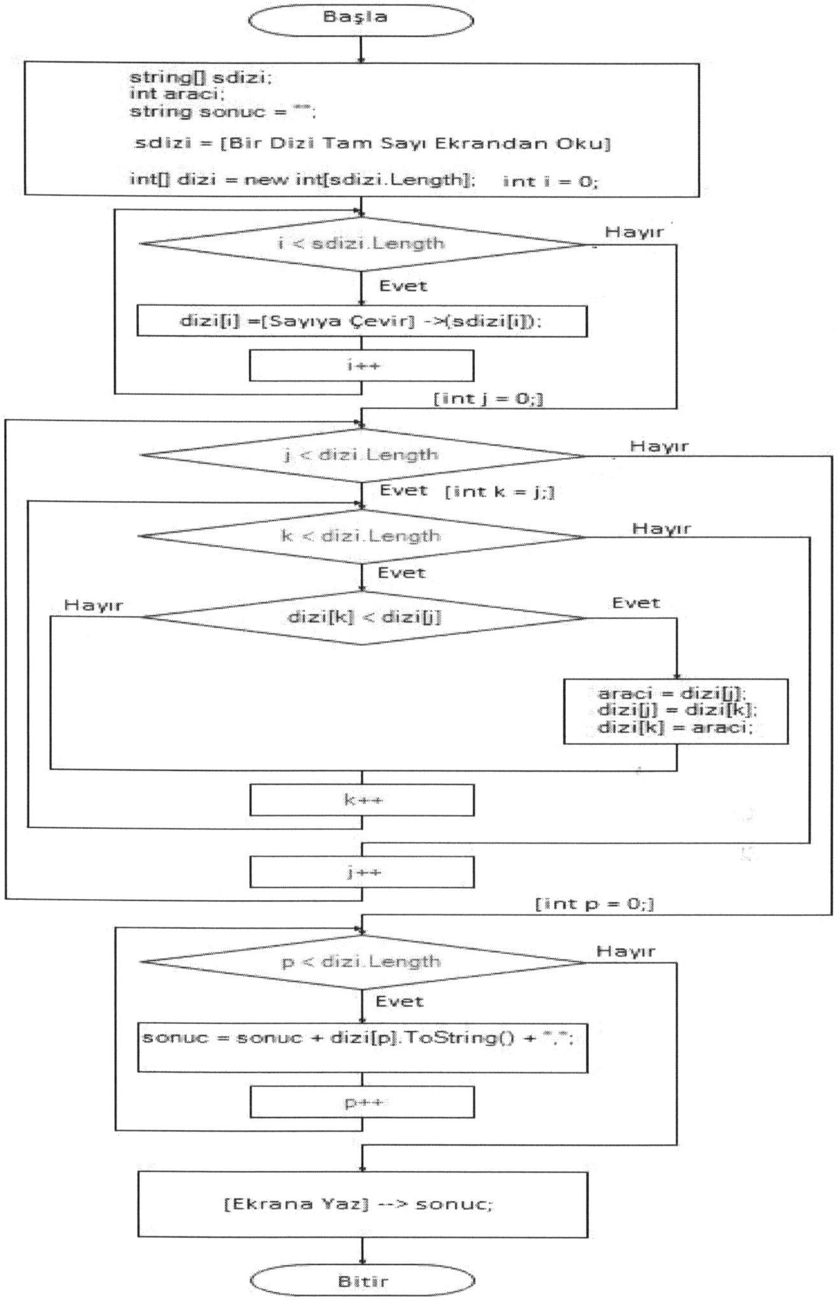

C#Versiyonu

```
using System;
using System.Collections.Generic;
using System.Linq;
using System.Text;
using System.Threading.Tasks;

namespace siralama
{
    class Program
    {
        static void Main(string[] args)
        {
            string[] sdizi;
            int araci;
            string sonuc = "";

            Console.Write("Aralarına virgül yazarak bir dizi tam sayı giriniz -->");
            //aralarına virgül konarak yazılan sayılar "," e göre    //parçalanıp
            //bir "string" diziye atılır
            sdizi = Console.ReadLine().Split(',');

            //girilen elaman sayısı kadar bir sayı dizisi //tanımlanır
            int[] dizi = new int[sdizi.Length];

            //bütün elemanlar tek tek sayıya çevrilip sayı
            //dizisine atılır
            for (int i = 0; i < sdizi.Length; i++)
                dizi[i] = Convert.ToInt32(sdizi[i]);
```

```
            //bütün elemanlar karşılaştırılarak
            //ve yer değiştirilerek dizi sıralanır
            for(int j=0; j<dizi.Length;j++)
                for(int k=j; k<dizi.Length; k++)
                    if (dizi[k] < dizi[j])
                    {
                        araci = dizi[j];
                        dizi[j] = dizi[k];
                        dizi[k] = araci;
                    }

            //dizinin sıralı hali bir metin haline
            //getirilip ekrana basılır.
            for (int p = 0; p < dizi.Length; p++)
                sonuc = sonuc + dizi[p].ToString() + ",";

            Console.Write("Dizinin Sıralı Hali --> " + sonuc);

            Console.ReadKey();

        }
    }
}
```

Java Versiyonu

```
package programlar;

public class Siralama {
    //gonderilen bir dizi metni
    //sayi dizisine cevirip donduren fonksiyon
    private static long[] sayiyaCevir(String[] sDizi) {
        long[] dizi = new long[sDizi.length];
        for (int i = 0; i < sDizi.length; i++) {
            dizi[i] = Long.parseLong(sDizi[i]);
        }
        return dizi;
    }
```

```
    public static void main(String[] args) {

        //ekrandan alinan degerler "," karakterine gore parcalanip
        //bir metinsel diziye atilir
        //daha sonra onlari sayi dizisine ceviren fonksiyona gonderilir
        //ve donen sayi dizisi kullanilir
        String text = Ekran.textOku("Aralarina virgül yazarak bir dizi tam sayi giriniz -->");
        String[] sDizi = text.split(",");
        long[] dizi = sayiyaCevir(sDizi);

        //bütün elemanlar karsilastirilarak
        //ve yer degistirilerek dizi siralanir
        //"araci" degiskeni yer degistirmek icin kullanilir
        long araci = 0;
        for (int j = 0; j < dizi.length; j++)
            for (int k = j; k < dizi.length; k++)
                if (dizi[k] < dizi[j]) {
                    araci = dizi[j];
                    dizi[j] = dizi[k];
                    dizi[k] = araci;
                }

        //dizinin sirali hali bir metin haline
        //getirilip ekrana basilir.
        String sonuc = "";
        for (long l : dizi) sonuc = sonuc + l + ", ";
        Ekran.yaz("Dizinin Sirali Hali -->" + sonuc);
    }
}
```

Python Versiyonu

```
#bir metin dizisini sayı
#dizisine çeviren fonksiyon
def sayiyaCevir(sDizi):
    dizi = []
    for s in sDizi:
        dizi.append(int(s))
    return dizi

#aralarına ',' yazılarak bir dizi tam sayı okunur.
#',' karakterine göre parçalanarak sayı dizisine çevrilir.
text = input("Aralarına virgül yazarak bir dizi tam sayı giriniz -->");
sDizi = text.split(",")
dizi = sayiyaCevir(sDizi)

#sırasıyla dizinin ilk elmanından başlayarak
#bütün elemanlarla karşılaştırılır ve karşılaştırılan daha küçükse
#bir aracı değişken yardımıyla iki eleman yer değiştirilir
#içiçe döngü tamamlanınca dizi küçükten büyüğe sıralanmış olarak değişmiş
#olur. '<' yerine '>' operatörü kullanılarak büyükten küçüğe de sıralanabilir.
for j in range(len(dizi)):
    for k in range(j, len(dizi)):
        if dizi[k] < dizi[j]:
            araci = dizi[j]
            dizi[j] = dizi[k]
            dizi[k] = araci

#dizinin sıralı hali bir metin gibi elemanlar birbiri arkasına eklenerek
#ekrana basılır.
sonuc = ""
for i in dizi: sonuc = sonuc + str(i) + ", "
print("Dizinin Sıralı Hali -->" + sonuc)
```

Programın Ekran Çıktısı

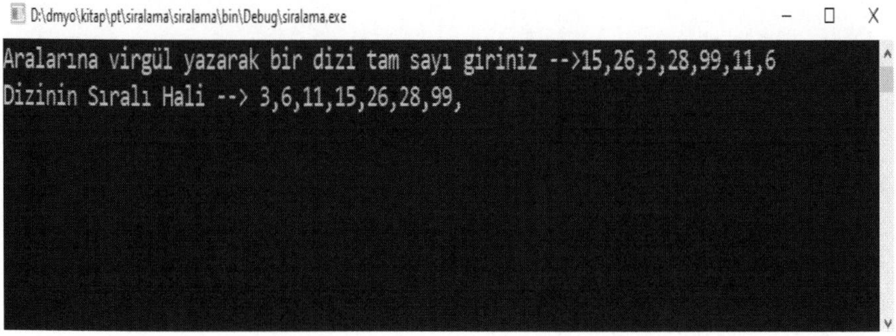

Permutasyon, Kombinasyon Hesaplayan Program

Bu program girilen değerlerin (N,R) permutasyon ve kombinasyonlarını bulur.

Programda deneyimlenen yapılar ve kavramlar;

- *Değişken tanımlama ve kullanım*
- *Ekrana yazma ve ekrandan okuma*
- *Döngü kullanımı*
- *Tip dönüşümleri*
- *İçiçe fonksiyon kullanımı*

Nasıl Yazarız?

1. Ekrandan gerekli olan değerleri (N,R) alırız.
2. Faktöriyel işlemi sürekli kullanılacağından dolayı gönderilen sayının faktöriyelini hesaplayıp geri döndüren bir fonksiyon yazarız.
3. Faktöriyel fonksiyonunu kullanarak permutasyonu bulup döndüren bir başka fonksiyon yazarız. (Permutasyon formülüne göre)
4. Bu defa da permutasyon ve faktöriyel fonksiyonlarını kullanarak kombinasyon hesaplayıp döndüren bir fonksiyon yazarız. (Kombinasyon formülüne göre)
5. En sonunda ilgili fonksiyonlara ekrandan aldığımız değerleri göndererek geri dönen değerleri ekrana basarız.

Akış Diyagramı

"fatoriyel" fonksiyonu

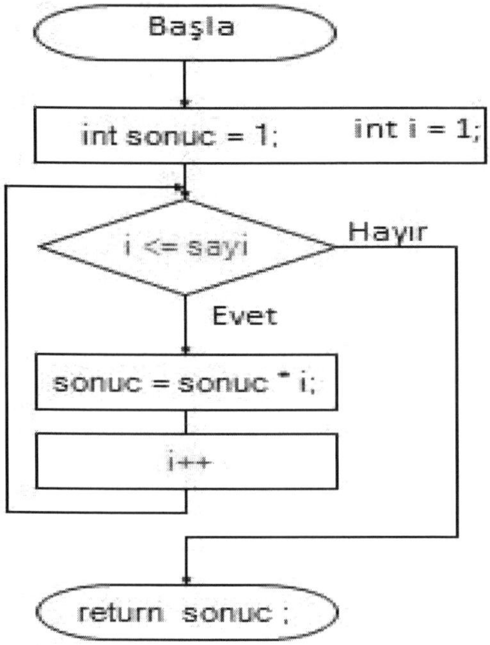

"permutasyon" fonksiyonu

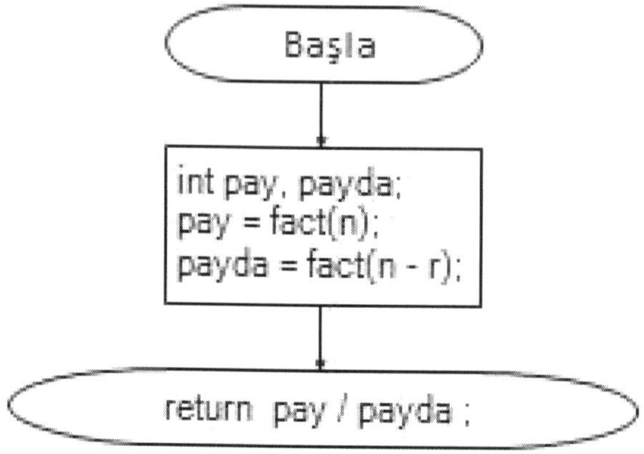

"kombinasyon" fonksiyonu

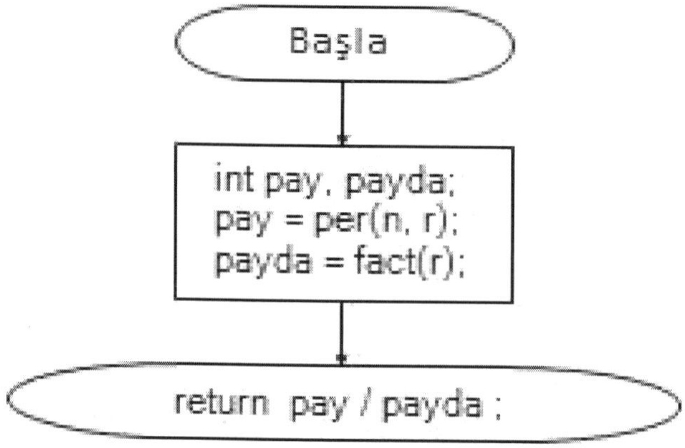

Program

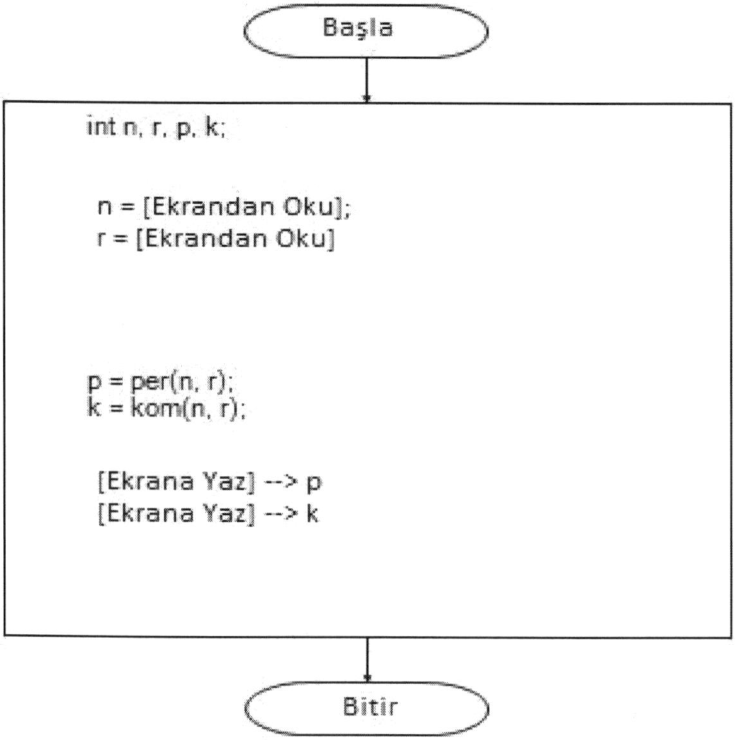
Başla
int n, r, p, k;
n = [Ekrandan Oku];
r = [Ekrandan Oku]
p = per(n, r);
k = kom(n, r);
[Ekrana Yaz] --> p
[Ekrana Yaz] --> k
Bitir

C#Versiyonu

```
using System;
using System.Collections.Generic;
using System.Linq;
using System.Text;
using System.Threading.Tasks;

namespace permutasyon_kombinasyon
{

    class Program
    {
        //gönderilen sayının faktöriyelini hesaplayıp
        //döndüren fonksiyon
        static int fact(int sayi)
        {
            int sonuc = 1;
            // 1 den sayıya kadar ardarda çarpılıp "sonuc"
            //değişkenine atılır.
            for (int i = 1; i <= sayi; i++)
                sonuc = sonuc * i;
            return sonuc;

        }
        //p(n,r) permutasyonunu
        //hesaplayıp döndürür
        //yukardaki faktöriyel fonksiyonunu da kullanır
        //permutasyon formülü--> P(n,r) = n!/(n-r)! dir.
        static int per(int n,int r)
        {
            int pay, payda;
            //n fact fonksiyonuna gönderilerek
            //faktöriyeli bulunur
            pay = fact(n);
            //(n-r) fact fonksiyonuna gönderilerek
            //faktöriyeli bulunur
            payda = fact(n - r);
            //permutasyon hesaplanıp döndürülür
            return pay / payda;
        }
```

```
        //k(n,r) permutasyonunu
        //hesaplayıp döndürür
        //yukardaki faktöriyel fonksiyonunu da kullanır
        //kombinasyon formülü--> K(n,r) = P(n,r)/r! dir.
        static int kom(int n, int r)
        {
            int pay, payda;
            //n ve r permutasyon fonksiyonuna gönderilerek
            //permutasyonu bulunur
            pay = per(n, r);
            //r fact fonksiyonuna gönderilerek
            //faktöriyeli bulunur
            payda = fact(r);
            //kombinasyon hesaplanıp döndürülür
            return pay / payda;
        }
        static void Main(string[] args)
        {
            //n ve r değerleri ekrandan alınır
            //ve hafızaya atılır
            int n, r, p,k;
            Console.Write("N Değerini Giriniz = ");
            n = Convert.ToInt32(Console.ReadLine());
            Console.Write("R Değerini Giriniz = ");
            r = Convert.ToInt32(Console.ReadLine());

            //fonksiyonlara gönderilerek
            //permutasyon ve kombinasyon hesaplanıp
            //ekrana basılır
            p = per(n, r);
            k = kom(n, r);

            Console.Write("N nin P li Permutasyonunun Sonucu P(n,r) = " + p.ToString());
            Console.Write("\nN nin P li Kombinasyonunun Sonucu K(n,r) = " + k.ToString());

            Console.ReadKey();

        }
    }
}
```

Java Versiyonu

```
package programlar;
public class PermutasyonKombinasyon {

    //gönderilen sayinin faktöriyelini hesaplayip
    //döndüren fonksiyon
    private static long factorial(long sayi) {
        long sonuc = 1;

        // 1 den sayiya kadar ardarda çarpilip "sonuc"
        //degiskenine atilir.
        for (long i = 1; i <= sayi; i++)
            sonuc = sonuc * i;
        return sonuc;
    }
```

```
    //p(n,r) permutasyonunu
    //hesaplayip döndürür
    //yukaridaki faktöriyel fonksiyonunu da kullanir
    //permutasyon formülü--> P(n,r) = n!/(n-r)! dir.
    private static long permutasyon(long n, long r) {

        //n factorial fonksiyonuna gönderilerek
        //faktöriyeli bulunur
        long pay = factorial(n);

        //(n-r) fact fonksiyonuna gönderilerek
        //faktöriyeli bulunur
        long payda = factorial(n - r);

        //permutasyon hesaplan?p döndürülür
        return pay / payda;
    }
```

```
    //k(n,r) permutasyonunu
    //hesaplayip döndürür
    //yukardaki faktöriyel fonksiyonunu da kullanir
    //kombinasyon formülü--> K(n,r) = P(n,r)/r! dir.
    private static long kombinasyon(long n, long r) {

        //n ve r permutasyon fonksiyonuna gönderilerek
        //permutasyonu bulunur
        long pay = permutasyon(n, r);

        //r factorial fonksiyonuna gönderilerek
        //faktöriyeli bulunur
        long payda = factorial(r);

        //kombinasyon hesaplanip döndürülür
        return pay / payda;
    }
```

```
    public static void main(String[] args) {

        //n ve r degerleri ekrandan alinir
        //ve hafizaya atilir
        long n = Ekran.sayiOkuLong("N Degerini Giriniz = ");
        long r = Ekran.sayiOkuLong("R Degerini Giriniz = ");

        //fonksiyonlara gönderilerek
        //permutasyon ve kombinasyon hesaplanip
        //ekrana basilir
        long p = permutasyon(n, r);
        long k = kombinasyon(n, r);
        Ekran.yaz("N nin P li Permutasyonunun Sonucu P(n,r) = " + p);
        Ekran.yaz("\nN nin P li Kombinasyonunun Sonucu K(n,r) = " + k);
    }
}
```

Python Versiyonu

```
#gönderilen sayının faktöriyelini
#döndüren fonksiyon
def factorial(sayi):
    sonuc = 1
    for i in range(1, sayi+1):
        sonuc = sonuc * i
    return sonuc

#faktöriyel fonksiyonunu kullanarak permutasyon
#hesaplayıp döndüren fonksiyon
def permutasyon(n,r):
    pay = factorial(n)
    payda = factorial(n - r)
    return pay / payda

#permutasyon ve faktöriyel fonksiyonlarını
#kullanarak kombinasyon hesaplayıp döndüren fonksiyon
def kombinasyon(n,r):
    pay = permutasyon(n, r)
    payda = factorial(r)
    return pay / payda

#gerekli değerler ekrandan okunup
#ilgili fonksiyonlara gönderilir ve
#dönen değerler ekrana basılır.
n = int(input("N Değerini Giriniz = "))
r = int(input("R Değerini Giriniz = "))
p = permutasyon(n, r)
k = kombinasyon(n, r)
print("N nin P li Permutasyonunun Sonucu P(n,r) = " + str(p))
print("\nN nin P li Kombinasyonunun Sonucu K(n,r) = " + str(k))
```

Programın Ekran Çıktısı

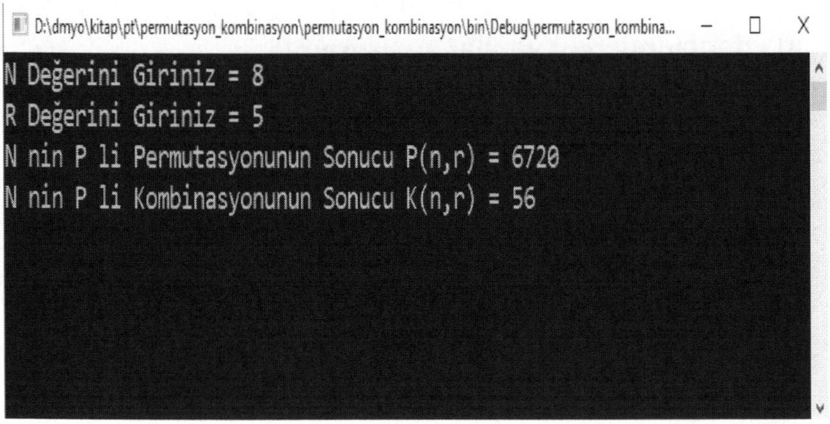

İki Matrisi Çarpan Program

İki Matrisin Çarpımı

Programda deneyimlenen yapılar ve kavramlar;

- *Değişken tanımlama ve kullanım*
- *Ekrana yazma ve ekrandan okuma*
- *Döngü kullanımı*
- *Tip dönüşümleri*
- *Çok boyutlu diziler.*

Nasıl Yazarız?

1. İki matrisin çarpılabilmesi için 1. Matrisin satır sayısı ile 2. Matrisin sütun sayısı eşit olmalıdır. Bundan dolayı ekrandan uygun veri girilmesini sağlayarak matrislerin boyutlarını alırız.
2. Girilen bu boyutlara göre iç içe döngü açarak (matrisler 2 boyutlu olduğu için) sırasıyla matrisin elemanlarını boyutları büyüklüğündeki iki boyutlu dizilere atarız.
3. Daha sonra çarpım matrisini tanımlarız (elemanlarının ilk değeri "0" olacak şekilde olmalı çünkü bulunacak ifadeler onun üzerine eklenerek eleman oluşturulur.)
4. İki matrisin çarpım algoritmasını gerçekleştiren iç içe döngülerle, çarpım matrisinin elemanlarını tek tek bulup ilgili elemana atarız. (Buradaki mantığı daha iyi anlamak için matris çarpım kuralına bakabilirsiniz.)
5. Oluşan çarpım matrisini ekrana basarız.

Akış Diyagramı

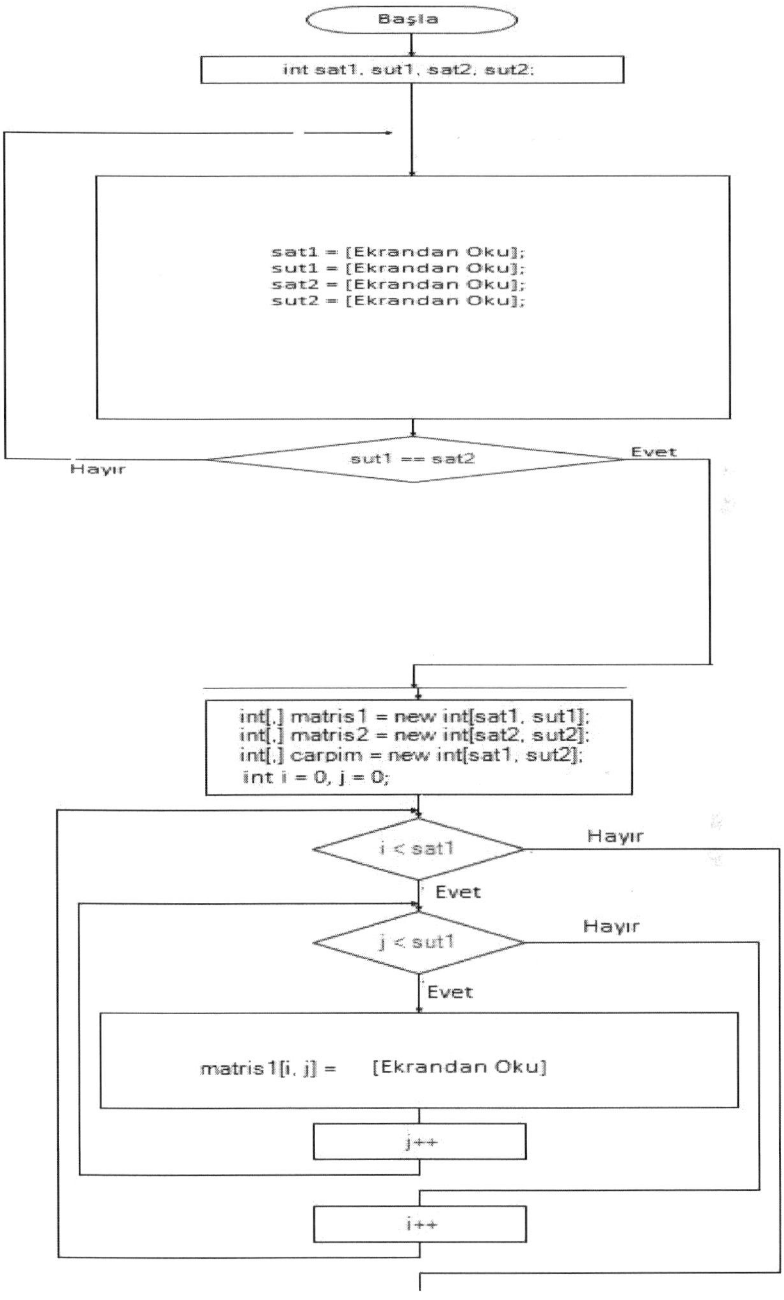

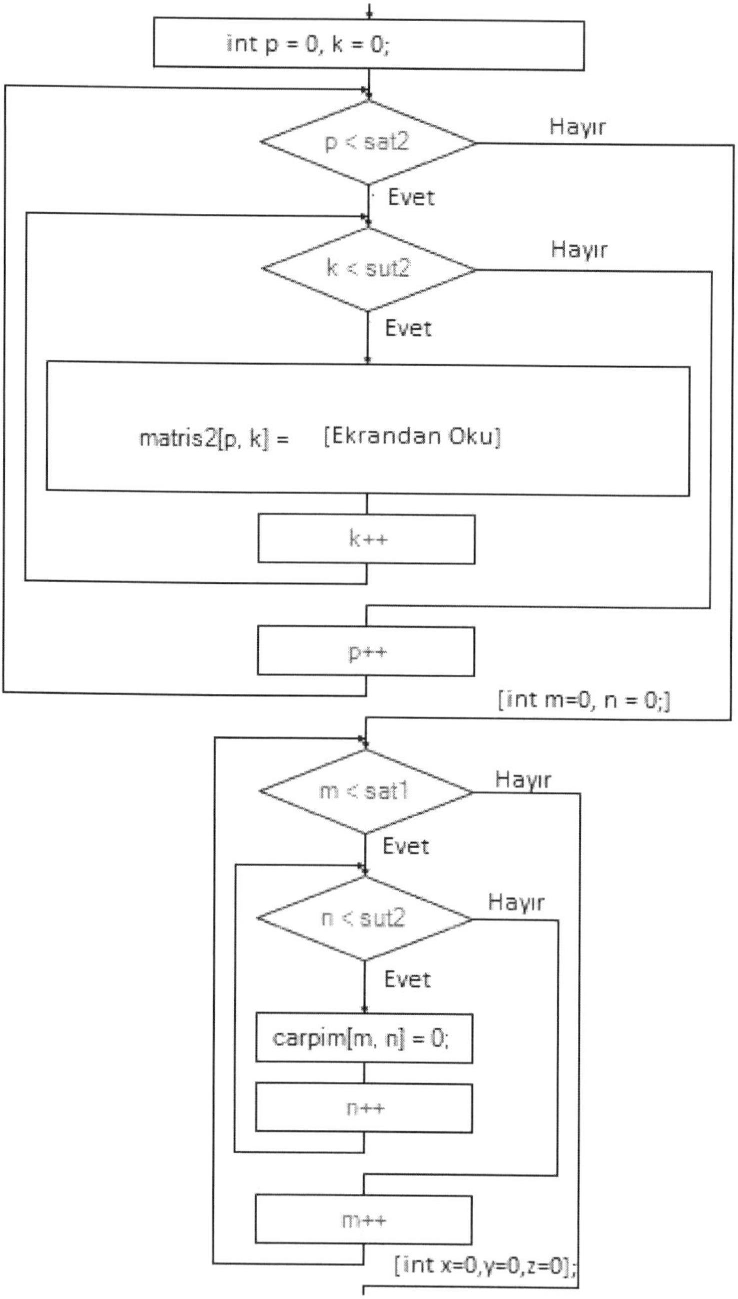
int p = 0, k = 0;
p < sat2
Hayır
Evet
k < sut2
Hayır
Evet
matris2[p, k] = [Ekrandan Oku]
k++
p++
[int m=0, n = 0;]
m < sat1
Hayır
Evet
n < sut2
Hayır
Evet
carpim[m, n] = 0;
n++
m++
[int x=0,y=0,z=0];

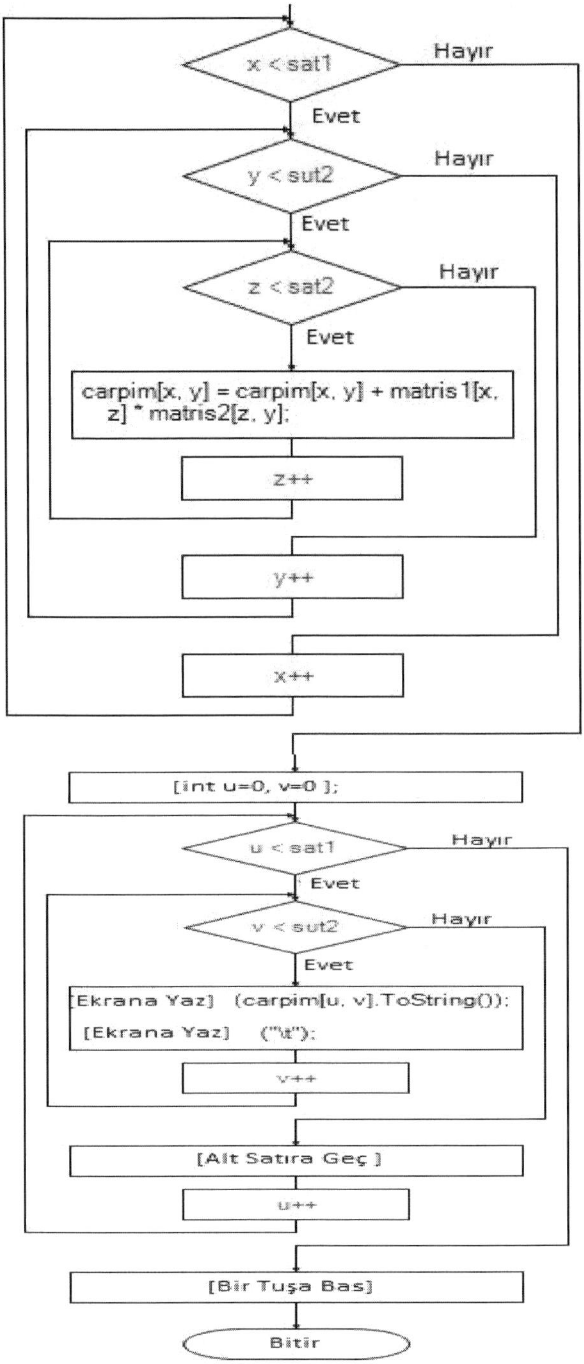
x < sat1
Hayır
Evet
y < sut2
Hayır
Evet
z < sat2
Hayır
Evet
carpim[x, y] = carpim[x, y] + matris1[x, z] * matris2[z, y];
z++
y++
x++
[int u=0, v=0];
u < sat1
Hayır
Evet
v < sut2
Hayır
Evet
[Ekrana Yaz] (carpim[u, v].ToString());
[Ekrana Yaz] ("\t");
v++
[Alt Satıra Geç]
u++
[Bir Tuşa Bas]
Bitir

C#Versiyonu

```
using System;
using System.Collections.Generic;
using System.Linq;
using System.Text;
using System.Threading.Tasks;

namespace matris
{
    class Program
    {
        static void Main(string[] args)
        {
            int sat1, sut1, sat2, sut2;
            //2 matrisin satır ve sütun sayıları
            //ekrandan girilip hafızaya alınıyor
            while(true){
                Console.Write("1. Matrisin Satır Sayısını Giriniz = ");
                sat1 = Convert.ToInt32(Console.ReadLine());
                Console.Write("1. Matrisin Sütun Sayısını Giriniz = ");
                sut1 = Convert.ToInt32(Console.ReadLine());
                Console.Write("2. Matrisin Satır Sayısını Giriniz = ");
                sat2 = Convert.ToInt32(Console.ReadLine());
                Console.Write("2. Matrisin Sütun Sayısını Giriniz = ");
                sut2 = Convert.ToInt32(Console.ReadLine());

                if (sut1 == sat2)
                    break;
                else
                {
                    Console.Write("1. Matrisin Satır Sayısı 2. Matrisin Sütun Sayısına Eşit Olmalıdır !");
                    Console.ReadKey();
                    Console.Clear();
                    continue;
                }
            }
```

```
int[,] matris1 = new int[sat1, sut1];
int[,] matris2 = new int[sat2, sut2];
int[,] carpim = new int[sat1, sut2];



Console.Write("1. Matris\n");
//1. Matrisin elemanları okunup hafızaya alınıyor
for (int i = 0; i < sat1; i++)
{
    for (int j = 0; j < sut1; j++)
    {
        Console.Write("Matris1[" + i.ToString() + "," + j.ToString() + "] = ");
        matris1[i, j] = Convert.ToInt32(Console.ReadLine());

    }

}

Console.Write("\n2. Matris\n");
//2. Matrisin elemanları okunup hafızaya alınıyor
for (int p = 0; p < sat2; p++)
{
    for (int k = 0; k < sut2; k++)
    {
        Console.Write("Matris2[" + p.ToString() + "," + k.ToString() + "] = ");
        matris2[p, k] = Convert.ToInt32(Console.ReadLine());

    }

}
```

```
            //çarpım matrisinin bütün elemanlarına önce
            //0 değeri veriliyor
            //(çarpım esnasında üzerine ekleneceğinden dolayı)
            for (int m = 0; m < sat1; m++)
                for (int n = 0; n < sut2; n++)
                    carpim[m, n] = 0;

            //matematik kuralına uygun bir algoritma ile
            //matrisler çarpılıp yeni matrisin elemanları
            //oluşturuluyor
            for (int x = 0; x < sat1; x++)
                for (int y = 0; y < sut2; y++)
                    for (int z = 0; z < sat2; z++)
                        carpim[x, y] = carpim[x, y] + matris1[x, z] * matris2[z, y];


            Console.Write("\nÇarpım Matrisi\n");

            //oluşan çarpım matrisi ekrana basılıyor.
            for (int u = 0; u < sat1; u++)
            {
                for (int v = 0; v < sut2; v++)
                {
                    Console.Write(carpim[u, v].ToString());
                    Console.Write("\t");
                }
                Console.Write("\n");
            }

            Console.ReadKey();
        }
    }
}
```

Java Versiyonu

```
package programlar;

public class Matris {

    public static void main(String[] args) {

        int sat1, sut1, sat2, sut2;

        //2 matrisin satir ve sütun sayilari
        //ekrandan girilip hafizaya aliniyor
        //buradaki dongu carpim kuralina uygun veri girilmesi icin
        while (true) {
            sat1 = Ekran.sayiOkuInt("1. Matrisin Satir Sayisini Giriniz = ");
            sut1 = Ekran.sayiOkuInt("1. Matrisin Sütun Sayisini Giriniz = ");
            sat2 = Ekran.sayiOkuInt("2. Matrisin Satir Sayisini Giriniz = ");
            sut2 = Ekran.sayiOkuInt("2. Matrisin Sütun Sayisini Giriniz = ");
            if (sut1 == sat2) break;  //uygun veri girildiyse donguden cik
            else {
                Ekran.sayiOkuInt("1. Matrisin Satir Sayisi 2. Matrisin Sütun Sayisina Esit Olmalidir !");
                continue;  //uygun veri girilmedigi surece tekrar et
            }
        }
```

```
        //matrislerin boyutlari ebadinda diziler tanimlanir
        int[][] matris1 = new int[sat1][sut1];
        int[][] matris2 = new int[sat2][sut2];
        int[][] carpim = new int[sat1][sut2];

        Ekran.yaz("1. Matris");
        Ekran.yeniSatirYaz();

        //1. Matrisin elemanlari okunup hafizaya aliniyor
        for (int i = 0; i < sat1; i++) {
            for (int j = 0; j < sut1; j++) {
                matris1[i][j] = Ekran.sayiOkuInt("Matris1[" + i + "," + j + "] = ");
            }
        }

        Ekran.yaz("2. Matris");
        Ekran.yeniSatirYaz();

        //2. Matrisin elemanlari okunup hafizaya aliniyor
        for (int p = 0; p < sat2; p++) {
            for (int k = 0; k < sut2; k++) {
                matris2[p][k] = Ekran.sayiOkuInt("Matris2[" + p + "," + k + "] = ");
            }
        }
```

```
        //çarpim matrisinin bütün elemanlarina önce
        //0 degeri veriliyor
        //(çarpim esnasinda üzerine ekleneceginden dolayi)
        for (int m = 0; m < sat1; m++)
            for (int n = 0; n < sut2; n++)
                carpim[m][n] = 0;

        //matematik kuralina uygun bir algoritma ile
        //matrisler çarpilip carpim matrisin elemanlari
        //olusturuluyor
        for (int x = 0; x < sat1; x++)
            for (int y = 0; y < sut2; y++)
                for (int z = 0; z < sat2; z++)
                    carpim[x][y] = carpim[x][y] + matris1[x][z] * matris2[z][y];

        Ekran.yaz("Çarpim Matrisi");
        Ekran.yeniSatirYaz();

        //olusan çarpim matrisi ekrana basiliyor.
        for (int u = 0; u < sat1; u++) {
            for (int v = 0; v < sut2; v++)
                Ekran.yaz(carpim[u][v] + "\t");
            Ekran.yeniSatirYaz();
        }

    }
}
```

Python Versiyonu

```
import sys

#matrislerin satır ve sütun sayıları
#çarpım kuralına göre ekrandan alınıp hafızaya (değişkenlere) atılır.
while True:
    sat1 = int(input("1. Matrisin Satır Sayısını Giriniz = "))
    sut1 = int(input("1. Matrisin Sütun Sayısını Giriniz = "))
    sat2 = int(input("2. Matrisin Satır Sayısını Giriniz = "))
    sut2 = int(input("2. Matrisin Sütun Sayısını Giriniz = "))
    if sut1 == sat2: break
    else:
        print("1. Matrisin Satır Sayısı 2. Matrisin Sütun Sayısına Eşit Olmalıdır !")
        continue

#girilen değerlere göre elaman aktarmak için
#iki boyutlu 3 dizi tanımlanır
matris1 = [[0 for i in range(sut1)] for j in range(sat1)]
matris2 = [[0 for i in range(sut2)] for j in range(sat2)]
carpim = [[0 for i in range(sut2)] for j in range(sat1)]

#birinci matrisin değerleri okunup dizinin sıradaki elemanına sırayla atılır
print("1. Matris")
for i in range(sat1):
    for j in range(sut1):
        matris1[i][j] = int(input("Matris1[" + str(i) + "," + str(j) + "] = "))

#ikinci matrisin değerleri okunup dizinin sıradaki elemanına sırayla atılır
print("2. Matris")
for i in range(0, sat2):
    for j in range(0, sut2):
        matris2[i][j] = int(input("Matris2[" + str(i) + "," + str(j) + "] = "))
```

```
#çarpım matrisinin elemanları ilk etapta '0' olarak ayarlanır
for m in range(0,sat1):
    for n in range(0, sut2):
        carpim[m][n] = 0

#çarpım kuralına uygun bir algoritmayla
#çarpım matrisinin elemanları hesaplanıp yerleştirilir
for x in range(0,sat1):
    for y in range(0,sut2):
        for z in range(0, sat2):
            carpim[x][y] = carpim[x][y] + matris1[x][z] * matris2[z][y]

#oluşan çarpım matrisi ekrana basılır.
print("Çarpım Matrisi")
for i in range(0,sat1):
    for j in range(0, sut2):
        sys.stdout.write(str(carpim[i][j]) + "\t")
    print("")
```

Programın Ekran Çıktısı

D:\dmyo\kitap\pt\matris\matris\bin\Debug\matris.exe

```
1. Matrisin Satır Sayısını Giriniz = 2
1. Matrisin Sütun Sayısını Giriniz = 3
2. Matrisin Satır Sayısını Giriniz = 3
2. Matrisin Sütun Sayısını Giriniz = 2
1. Matris
Matris1[0,0] = 1
Matris1[0,1] = 2
Matris1[0,2] = 3
Matris1[1,0] = 2
Matris1[1,1] = 1
Matris1[1,2] = 2

2. Matris
Matris2[0,0] = 1
Matris2[0,1] = 2
Matris2[1,0] = 1
Matris2[1,1] = 1
Matris2[2,0] = 2
Matris2[2,1] = 2

Çarpım Matrisi
9       10
7       9
```

Son Söz

"İyi bir programcı iyi bir doktora benzer. İyi doktor vücudu tanır, onun nasıl çalıştığını çok iyi bilir teşhis ve tedavisini ona göre yapar; iyi programcı da program yazdığı makineyi, sistemi veya platformu çok iyi tanır, nasıl çalıştığını iyi bilir ve kodunu ona göre yazar."

Yazar Hakkında

1979 Yılında Malatya'da doğup çocukluğunu burada geçirdi. 2002 yılında İzmir, Dokuz Eylül Üniversitesi Bilgisayar Mühendisliğinden mezun oldu. Mezuniyet sonrasında kısa bir süre Cumhuriyet Üniversitesi'nde Öğretim Görevlisi olarak çalıştı, daha sonraki yıllarda Ankara'da bir yazılım firmasında Sanayi Bakanlığına yazılan e-devlet projelerinde yazılım uzmanı olarak görev aldı. Askerliğini Adana 6. Kolordu Komutanlığı'nda OBİ Subayı olarak tamamlayarak, Havelsan A.Ş. de Hava Kuvvetleri Komutanlığı bünyesindeki HVBS (Hava Bilgi Sistemleri) projesinde Sistem Yazılım Mühendisi olarak görev aldı. 2007 yılından itibaren ise Pamukkale Üniversitesi, Denizli Teknik Bilimler MYO'nun Bilgisayar Programcılığı programında Öğretim Görevlisi olarak çalışmalarına devam etmektedir. "Az Bilenler İçin C#" ile "Veritabanı ve SQL" isimli basılı iki kitabı daha olan yazarın ulusal ve uluslar arası yayın ve makaleleri bulunmaktadır. Evli ve 3 çocuk babasıdır.